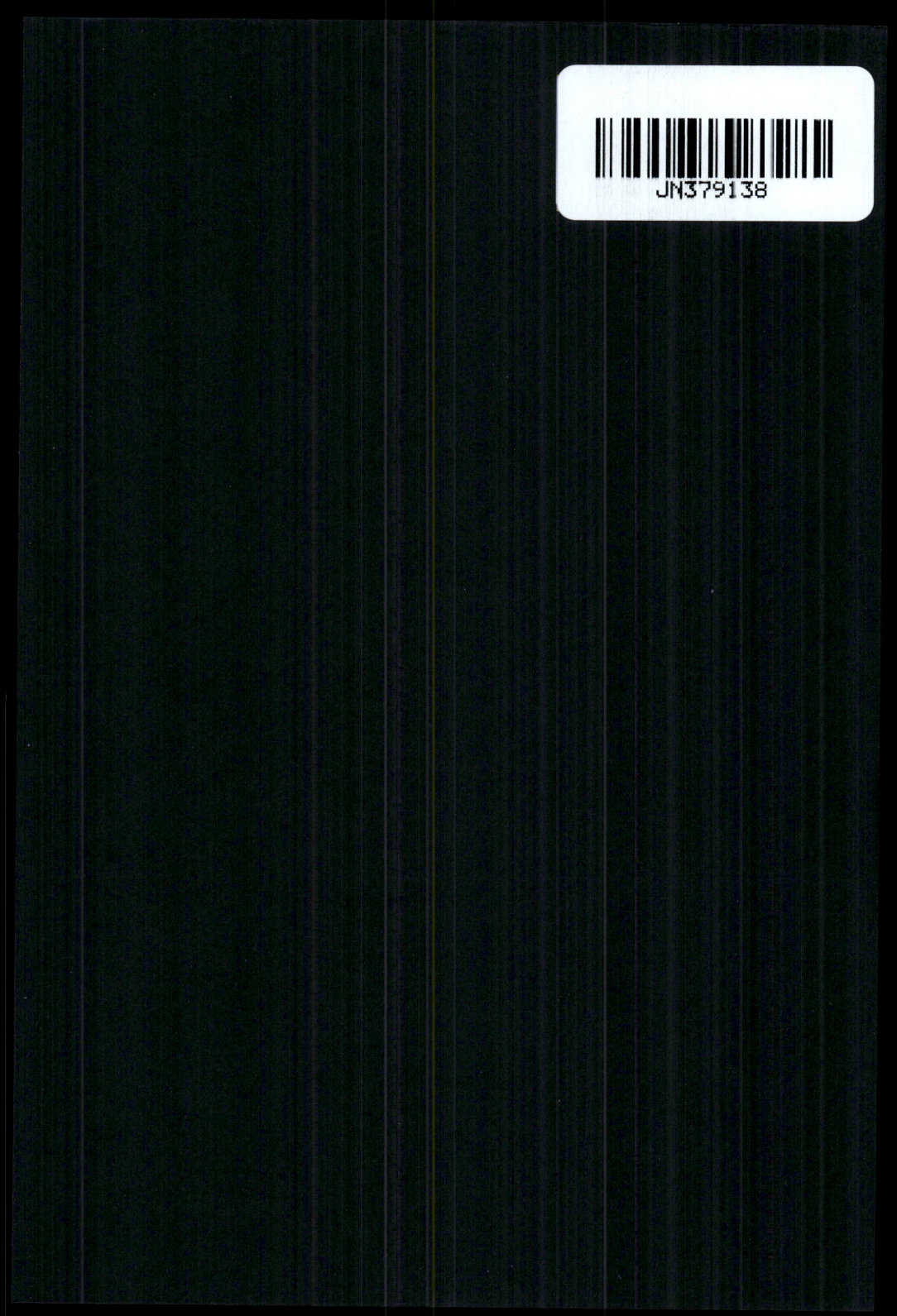

21세기 **다윈 혁명**

우리 사회 지성 19인이 전하는
다윈 혁명의 현장

최재천 외 18인

21세기 다윈 혁명

사이언스 북스
SCIENCE BOOKS

차례

서론 | 다윈, 학문을 통섭하다 최재천 _____ 07

다윈과 철학 | 사유 체계에 거대한 변화를 몰고 온 다윈 엄정식 _____ 15

다윈과 과학 | 다윈의 진화론과 새로운 '과학적' 세계관 홍성욱 _____ 27

다윈과 윤리학 | 윤리의 세방화를 촉진시킨 다윈과 다원주의 정연교 ____ 37

다윈과 종교 | 신 중심의 세계관을 뒤흔든 다윈 장대익 _____ 47

다윈과 사회과학 | 진화론을 통해 사회과학이 나아가야 할 길 박만준 __ 59

다윈과 심리학 | 인간, 자신의 디자인에 대해 묻다 김상인 _____ 71

다윈과 법학 | 법학이 다윈을 받아들인다면 윤진수, 좌정원 _____ 81

다윈과 정치학 | 정치학, 유전자와의 공진화를 꿈꾸다 전재성 _____ 91

다윈과 경제학 | 다윈표 경제학이 부상해야 할 때 김창욱 _____ 103

다윈과 인류학	인간 보편성 연구의 핵심, 다윈주의 박순영	115
다윈과 성	다윈의 성선택론으로 본 인간의 성性 김성한	125
다윈과 문학	인간의 상상 형식을 근본적으로 바꾼 다윈 정과리	135
다윈과 미술	마음의 오랜 진화가 선사하는 예술 조택연	143
다윈과 음악	진화생물학으로 들여다본 음악의 기원과 진화 최재천	153
다윈과 지질학	지구의 역사를 통해 생명의 역사를 읽어 내다 장순근	165
다윈과 환경	환경 위기의 해결책은 다윈 안에 있다 강호정	175
다윈과 의학	다윈의학, 질병의 원인遠因을 묻다 최재천	187
다윈과 공학	공학의 진화, 자연과 함께하는 공학으로 최재붕	197
다윈과 복잡계과학	생명 복잡계 질서의 뿌리를 찾아서 김용학	207
결론	단순해서 아름다운 다윈의 진화 이론 최재천	217

서론

다윈, 학문을 통섭하다

최재천

1859년 11월 24일 영국 런던의 존 머레이 출판사가 『종의 기원The Origin of Species』이라는 책을 내놓는다. 판매용으로 찍은 1,170권의 초판은 꺼내 놓기가 무섭게 당일로 몽땅 팔려 나가는 진기록을 세우며 당시 빅토리아 시대 영국 사회에 엄청난 파장을 몰고 왔다. 우주의 생성과 생명의 탄생이 창조주의 은총과 의지에 의해서 이루어진 게 아니라 자연의 법칙에 따라 저절로 그리고 우연히 나타난 결과라는 주장은 그야말로 엄청난 도발이었다.

2000년 서양 역사의 사상적 기반은 플라톤Platon의 이데아idea 철학과 기독교 신학이었다. 플라톤에 따르면 이 세상은 영원불변의 전형type으로 이루어져 있으며 그 전형으로부터의 변이variation는 진리의 불완전한 투영에 불과하다. 금이 은으로 변할 수 없듯이 생물의 종species이 다른 종으로 변할 수는 없다는 것이다. 하지만 찰스 다윈Charles Darwin은 플라톤이 진리의 불완전한 그림자로 지목한 변이야말로 이 세상에 실존하며 변화를 일으키는 주체라는 설명을 내놓았다. 다름이 곧 아름다움이며 삶의 새로움을 잉태하는 원동력이라는 것이다. 다윈은 우리에게 세상을 바라보는 새로운 눈을 제공한 위대한 사상가이다.

학문의 세계에서 다윈의 진화론만큼 혹독한 시련을 겪은 이론도 없을 것이다. 하지만 지난 150년간 끊임없이 계속된 담금질로 인해 다윈의 진화론은 이제 생명의 의미와 현상을 설명하는 가장 완벽한 이론으로 확고하게 자리 잡았다. 진화론은 이제 생물학의 범주를 넘어 사회학, 경제학, 인류학, 심리학, 법학 등의 인문사회과학 분야는 물론 문학, 음악, 미술 등의 예술 분야까지 폭넓게 영향을 미치고 있다. 일찍이 유전학자 테오도시우스 도브잔스키 Theodosius Dobzhansky 는 "진화의 개념을 통하지 않고서는 생물학의 그 무엇도 의미가 없다."고 했다. 나는 이제 감히 이렇게 말하련다. "진화의 개념을 통하지 않고서는 우리 삶의 그 무엇도 의미가 없다."고.

『종의 기원』을 출간한 지 12년 후 다윈은 『인간의 유래 The Descent of Man』에서 자연선택 natural selection 에 덧붙여 성선택 sexual selection 이론을 소개하며 남성 중심의 사회 질서에 근본적인 의문을 제기한다. 나는 지난 2003년 『여성 시대에는 남자도 화장을 한다』라는 제목의 책을 출간하며 다윈의 성선택론을 상세하게 소개하고 그 무한한 적용 가능성에 대해 논의한 바 있다. 지극히 기계론적인 현대 의학도 진화생물학과 손을 잡고 조금씩 다윈의학 Darwinian medicine 의 세계로 접어들고 있다. 미국의 시인 T. S. 엘리엇 T. S. Eliot 은 어린 시절 밤늦게 다윈 토론에서 돌아온 어머니의 가슴 벅찬 이야기를 들으며 컸다고 한다. 문학 비평에도 다윈의 입김이 뜨거워지고 있다.

이 책의 목차만 훑어봐도 다윈의 이론이 얼마나 광범위하게 현대

학문에 영향을 끼쳤는지 한눈에 알 수 있다. 다윈 스스로 본격적인 연구 성과를 낸 바 있는 지질학과 생태학은 물론, 물리학과 화학을 제외한 자연과학 거의 모든 분야에 다윈의 족적이 역력하다. 이 책에서는 그중에서 제대로 도입만 하면 그 파급 효과가 엄청날 수 있는 두 거대 분야인 의학과 공학의 동향을 살펴본다. 다윈의학과 의생학擬生學은 각각 의학과 공학에 새로운 방향을 제시할 수 있는 폭발력을 지니고 있다. 복잡계과학은 아예 이 같은 흐름을 인도하는 다윈 이론의 부족한 부분을 보완하여 훨씬 더 막강한 이론으로 만들어 주겠노라 기염을 토한다.

우리 사회에서 종교만큼 다윈의 존재가 민감한 분야도 없을 것이다. 하지만 철학을 비롯한 인문학과 사회과학의 여러 분야들은 이미 두 팔을 활짝 벌렸다. 미국발 금융 위기가 전 세계를 경기 침체의 수렁으로 밀어 넣으며 경제학의 지평이 근본적으로 변하고 있다. 경제의 주체인 인간이라는 동물의 행동과 심리에 관한 과학적 분석이 결여된 경제학이 논리적 한계에 부딪힌 것이다. 법학과 정치학도 드디어 인간의 내면을 들여다보기 시작했다. 그런가 하면 다윈은 『종의 기원』 거의 맨 마지막에 이르러 홀연 다음과 같은 말을 남긴다. "먼 훗날 훨씬 중요한 연구 분야들이 열릴 텐데, 심리학은 전혀 새로운 기초 위에 놓일 것이다." 요즘 각광받고 있는 진화심리학은 인간의 정신도 엄연히 진화의 산물임을 인식하고 다양한 인문사회과학 분야들과 진화생물학을 통섭하고 있다.

이 책을 읽는 독자들은 특히 문학, 미술, 음악 등 우리 인간의 종 특이적인species-specific 창작 활동이야말로 그 기저에 인간 본성의 진화가 깔려 있음을 인식하게 될 것이다. 서양에서는 이미 오래전에 논의되었고 비교적 널리 이해된 개념이지만 어찌 된 까닭인지 우리 예술계는 그동안 다윈에게 눈길조차 제대로 주지 않았다. 자연선택과 더불어 성선택이 우리의 심성과 행동에 얼마나 깊숙이 관여하고 있는지 실감하게 될 것이다. 탁월한 재야 인류학자 엘렌 디사나야케Ellen Dissanayake는 그의 저서 『미학적 인간Homo Aethticus』에서 다음과 같이 말한다. "언뜻 보기에 예술 및 그와 관련된 미적 태도들이 사회마다 크게 다르다는 사실은 그것이 생물학적이거나 '자연적'이라기보다는, 전적으로 학습되거나 '문화적' 기원에서 비롯된다는 것을 암시하는 것처럼 보일 수 있다. 그러나…… 예술은 자연적, 보편적 성향이고, 이 성향이 단지 춤, 노래, 연기, 시각적 표현, 시적 화법 같은, 문화적으로 학습되는 특성으로 드러난다고 볼 수 있다."

1998년 새로운 밀레니엄을 맞이하며 미국의 몇몇 언론인들이 여러 지식인들에게 지난 1,000년 동안 우리 인류에게 가장 큰 영향을 미친 인물을 적어 달라고 하여 그 결과를 바탕으로 『1,000년, 1,000명 1,000 Years, 1,000 People: Ranking the Men and Women Who Shaped the Millenium』이라는 제목의 책을 출간했다. 다윈은 요하네스 구텐베르크Johannes Gutenberg, 마르틴 루터Martin Luther, 윌리엄 셰익스피어William Shakespeare 등에 이어 1,000명 중 7위에 뽑혔다. 만일 비슷한 설문 조사가 우리나라에서 벌어진다면 다윈은 100위 안에도 들지 못할 것이다. 다윈에 대한 이해와 인식의 정도가 이렇게 다르다.

이 같은 차이를 조금이라도 줄여 보기 위해 나는 2005년에 우리 학계에서 다윈을 연구하는 젊은 학자들을 한데 모아 '다윈포럼'을 만들어 꾸준히 다윈에 대한 공부를 해 왔다. 그러던 중 다윈 탄생 200주년과 『종의 기원』 출간 150주년이 되는 2009년 '다윈의 해'를 맞아 나는 《조선일보》에 '다윈이 돌아왔다'라는 제목으로 특별 기획 기사들을 마련하게 되었다. 2009년 1월 1일부터 4월 28일까지 총 14회에 걸쳐 현대 학문에 미친 다윈의 영향을 재조명해 보는 멋진 기회였다. 이 책은 그 14개의 기사들에다 그 기획에서는 다루지 못했지만 다윈의 영향이 분명하게 미친 다른 학문 분야에 관한 글들을 보충하여 만들었다. 《조선일보》 특별 기획에 참여한 학자들에게는 신문 지면의 제약 때문에 못 다한 논의들을 넉넉하게 담아 달라고 부탁하여 이 책에는 훨씬 더 폭넓고 깊이 있는 글들이 실렸다. 비록 《조선일보》 특별 기획에는 포함되지 않았지만 이 책을 위해 기꺼이 글을 써 주신 엄정식, 전재성, 최재붕, 김상인 선생님께 각별한 감사의 말씀을 전한다.

'다윈포럼'은 다윈의 해가 저물기 전에 그동안 함께 공부하며 번역한 다윈의 대표 저서 세 권 『종의 기원』, 『인간의 유래』, 『인간과 동물의 감정 표현 The Expression of Emotions in Man and Animal』을 내놓을 계획이다. 나는 새롭게 번역되어 나올 다윈의 대표 저서들과 이 책이 드디어 우리나라에도 본격적인 다윈 연구와 논의의 기반을 마련해 줄 것이라 믿는다.

다원과 철학

엄정식

서강대학교 철학과와 서울대학교 신문대학원을 졸업하였으며, 미국 웨인주립대학교에서 인문학석사학위를, 미시간주립대학교에서 철학박사학위를 받았다. 한국철학회 회장과 서강대학교 대학원장을 역임하였으며 현재는 서강대학교 철학과 명예교수와 교육과학기술부 문진연구센터 기획위원장 등으로 활동 중이다. 『비트겐슈타인과 분석철학』, 『확실성의 추구』, 『지혜의 윤리학』, 『철학으로 가는 길』 등을 저술하였다.

사유 체계에
거대한 변화를 몰고 온 다윈

엄정식

I

버트런드 러셀Bertrand Russell이 『서양 철학사A History of Western Philosophy』 서문에서 잘 지적한 바와 같이 철학은 과학과 신학의 중간쯤에 위치한다고 볼 수 있다. 서양 철학은 신화적 수준의 종교로부터 합리적 사고의 통로를 찾아 과학적 탐구의 방향으로 탈출을 시도함으로써 비로소 그 모습을 드러내었다. 완숙한 철학의 형태는 고대 아테네에서 플라톤과 아리스토텔리스Aristoteles에 의해서 갖추어졌다. 그런데 이들은 서로 다른 측면을 강조함으로써 이질적인 철학 사조를 창출하였으며 이후의 철학사는 그들 사조 사이의 충돌과 대비와 조화라는 양상을 나타내며 발전했다. 플라톤적인 것은 대체로 신학적인 경향을 보이며 관념적이고 내세적이며 추상적인 특징을 나타낸다. 한편 아리스토텔레스적인 것은 과학적인 양상을 드러내며 실증적이고 현세적이며 구체적인 특성을 나타낸다. 물론 서양 철학사를 이와 같이 이분법적으로 단순화하기는 어렵지만 대체로 그러한 양상을 보였다는 것이 일반적인 인식이다.

그럼에도 불구하고 한 가지 공통점이 있다면 사유의 세계가 대체로 '정태靜態적'이며 그렇게 규정된 '정의定義'에 따라 사물을 이해하고자 했다는 점이다. 그러한 경향은 플라톤을 시발점으로 하여 중세를 거쳐 르네상스 시기까지 이어졌다. 플라톤이 제시한 '이데아'의 궁극적 형태는 신의 관념으로 대체되었고 이외의 모든 관념들은 그 이치에 따라 구성되었다. 특히 아리스토텔레스의 방식을 따라 개념의 규정에 몰두한 철학자들은 정태적인 접근 방법에 한층 더 고착해 있었다. 어떤 어휘는 그 자체가 다양한 경험을 하나로 묶어서 동결하는 수단이었고, 그렇게 함으로써 존재의 세계를 정태적이고 불변하는 것으로 다룰 수가 있었다. 중세의 철학자들은 이러한 방식을 좀 더 세련되고 밀도 있고 일관성 있게 발전시켰다. 르네상스는 문화적 측면에서는 변화를 불러왔지만 사고방식에 있어서는 별로 달라진 것이 없었다. 심지어 합리론자나 무신론자들까지도 기독교 교리에 불만을 표시하기 위해서는 신학적 사유에 의존할 수밖에 없었다. 이것은 마치 빨간 옷이 아니고 노란 옷을 원하기 때문에 옷을 싫어한다고 말하는 자세와 다를 것이 없었다.

이와 같이 일관되고 강력한 사고방식과 표현 방식에 파격적인 변화가 일어난 것은 19세기에 들어와서였다. 이러한 변화를 일으키기 위해 의도적인 반항이나 저항이 있었던 것은 아니었다. 좀 더 구체적으로 말하면 다윈이 거의 우연히 비글호를 타고 저 유명한 5년간의 항해를 시작한 것이 결정적인 계기였다. 사실 진화 사상에는 새로울 것이 없었다. 이미 25세기 전에 아낙시만드로스Anaximandros가 그러한 사상을 제시했었고 장 바티스트 라마르크Jean Baptiste Lamark의 견해가 당시 식자층에서는 상식화되어 있었다. 새로운 것이 있었다면 다윈이 시도한 과학적 탐구의 과정이며 그것은 잘 알려져 있는 바와 같이 '돌연변이'와 '적자생존'으로 요약될 수 있는 것이었다.

일단 다윈의 사상이 제시되자 그것은 거의 종교적 신념처럼 각인되었고, 그것이 절대적 진리인지 혹은 반증이 가능한지 등은 문제가 되지 않았다. 신이 짧은 기간에 서둘러서 모든 종을 창조했다는 전통적 신념과 대등하게 견줄 수 있는 대안이 '과학적'으로 제시되었다는 것만으로 충분했다. 창세기의 창조론은 더 이상 절대적이고 유일한 해석이 아니며 최상의 이론도 아니라는 인식이 점차 확산되어 갔다.

II

신의 창조적 작업이 생물학적 진화의 과정으로 대체됨으로써 사유의 체계에 거대한 변화가 일어났다. 여기서 직접적이고 강력한 두 가지 결과가 야기되는데, 하나는 사유의 체계와 사고방식이 정태적인 상태에서 동태적인 상태로 옮겨 간다는 것이고 다른 하나는 그 과정을 주시함으로써 전적으로 새로운 가치 체계가 창출된다는 것이다. 과정은 원래 스스로 가치를 만들어 내는 법이다. 다윈은 진화론이 과학적 가설에 지나지 않는다고 생각했고, 따라서 과학적 가치 이상의 것이기를 의도한 적이 없었으나 그것은 사회적으로나 정치적으로, 그리고 무엇보다 철학적으로 새로운 가치를 창출하게 되었고 마침내 종교와 충돌하게 되었다.

신이 규정하고 신학적 철학자들이 해석한 정태적 사유 체계는 점차 역동적이고 현실적인 진리들로 대체되었다. 가치들이 신학자나 성직자들을 통해 모세의 율법으로부터 도출되었다는 것이 거부되자 다른 기반을 모색해야 할 필요가 생겼다. 이 새로운 기반을 수립하기 위한 철학의 학파들이 등장했고 이후 개별 학파들이 제대로 작동하는지 시험하는 단계로 돌입했다. 다원의 이론은 그러한 철학들이 탄생하는 데 있어 전환점을 마련했다. 뉴턴적 물리학이 근대 철학의 패러다임이 되었다면 다원적 생물학은 현대 철학의 출발점이 된 셈이었다. 그렇게 해서 철학은 근대 이후 종교로부터 자연과학 쪽으로 한층 더 가까이 옮겨 오게 되었다고 이해할 수 있다.

물론 철학 사조의 전개는 자연과학의 발달 외에 철학사 내부의 필연적인 역학에서 그 일차적인 원인을 찾아야 할 것이다. 가령 근대 철학의 합리론과 경험론을 비판적으로 종합함으로써 이른바 '비판철학'을 완성한 이마누엘 칸트Immanuel Kant는 후대 철학자들에게 수용하기 어려운 두 가지 과제를 남겼다. 하나는 인식론적 '선험성apriority'으로서 시간과 공간이라는 감성 형식과 인과성을 비롯한 12개의 오성 형식이며, 다른 하나는 현상 뒤에 존재하지만 결코 인식되지 않는 존재론적 '본체noumenon'이다. 이러한 한계를 극복하기 위해 게오르크 헤겔Georg Hegel의 절대적 관념론이 등장하였지만 현대 철학의 선구자들은 바로 이것을 직접적인 극복의 대상으로 삼았으며 결국 그들에게 탈출의 통로를 마련해 준 것은 다원의 진화론이었다. 그들은 다원이 사물을 초자연적인 원인이 아닌 환경 속에서 얻어 낸 위치와 기능에 의해서 설명하려는 시도에 주목한다. 이제 그 대표적인 철학자들의 입장을 살펴보자.

가령 "신은 죽었다."고 선언한 프리드리히 니체 Friedrich Nietzsche는 다윈의 진화론으로 인해 의미가 상실된 채 단순한 과정으로 전환된 세계의 실상을 보고 허무주의를 실감한다. 그리고 이것을 극복할 수 있는 가상적이고 이상적인 인물로 '초인超人'을 제시한다. 초인은 모든 가치를 직접 자기가 재평가함으로써, 그리고 기독교적 문화의 전통적 가치를 청산함으로써 보다 우월한 가치를 선도하게 될 인물이라고 니체는 규정한다. 다윈은 무리를 지어 사는 동물들이 고독한 삶을 영위하는 동물보다 더 나약하다는 주장을 했는데, 니체는 이러한 다윈의 가정 위에서 초인은 범용한 무리와 독립된, 그리고 그들 위에 우뚝 솟은 자유로운 정신으로서의 '개인'이어야 한다고 결론지었다. 이러한 개인들이 '힘에의 의지'로 무장하여 진화의 과정에서 구도자적인 역할을 해야 한다는 것이 니체의 입장이다. 오늘날 니체가 '포스트모더니즘'의 선구자로 평가되고 있음을 고려할 때 다윈이 끼친 영향력의 불씨가 생생히 되살아나고 있는 듯하다.

한편 새로운 종교를 창시했다고 하여 그리스도와 비교되기도 했던 카를 마르크스 Karl Marx는 다윈의 진화론을 자신의 변증법적 유물론에 이용하였다. 그 특징은 물질세계를 단일한 형태의 물질로 환원하지 않은 채 다양성을 그대로 인정한다는 점에 있다. 물질의 질서는 인간의 정신 작용을 내포하며, 따라서 초자연적이고 초월적인 존재는 인정되지 않는다. 인간이 정신을 소유한다는 사실은 두뇌 피질이라는 유기 물질이 반성적 행동의 복잡한 과정을 가능하게 하는 기관으로 발전한다는 것을 의미할 뿐이다. 더구나 정신의 조건은 사회적 존재로서의 노동 활동에 의해 결정된다. 이러한 이유에서 마르크스는 다윈의 진화론에 의존한다고 말할 수 있다. 그는 물질적 질서의 우위성을 인정하면서 정신 작용은 물질의 부산물이라 믿었다. 이와 같이 정신의 영역이란 물질적 질서에서 파생된 것에 불과하며 이 질서는 생산조건보다 생산관계, 즉 일종의 '과정'들로 구성된다는 것이다. 그가 다윈을 열정적으로 존경했던 이유도 바로 여기에 있다.

물론 마르크스에게 영향을 미친 자연과학에는 진화론 외에도 당시 새롭게 확정된 에너지 보존 및 전환의 법칙과 세포의 구조에 관한 새로운 학설 등이 있었다. 그러나 그는 19세기의 인물답게 진보의 개념을 받아들였고, 궁극적인 완성을 향한 인류의 향상과 전진을 믿었다. 이러한 진보의 관념을 당연하다고 전제하여 그 전형을 다윈의 '진화' 개념에서 찾고, 진전의 방향과 완성의 본질을 그리려고 노력했던 것이다.

『종의 기원』이 출간되던 해에 태어난 앙리 베르그송Henri Bergson도 다른 철학자들처럼 진화론에 큰 관심을 보였으나 그는 이 가설이 철학적으로 좀 더 세련되게 다듬어질 필요가 있다고 느꼈다. 진화론은 진화의 과정에서 한 단계 더 높은 단계에 이르는 간격을 통과하여 어떻게 전이가 이루어지는지에 대한 설명은 확실하게 제시하지 못했다는 것이다. 다윈은 유기체의 어느 부분이 느리게 혹은 빠르게 변화를 일으킬 것이라고 추측했을 뿐이다. 베르그송에 의하면 이러한 설명은 유기체의 기능적 동일성, 즉 한 부분에 변화가 생기면 유기체 전체에 영향을 미친다는 점을 간과한 것이었다. 이러한 문제에 해답을 찾기 위해 그는 생명 속에는 무수한 잠재력이 내재되어 있는데 이 잠재력이 현실화되는 과정에서 엄청난 폭발력이 생겨난다고 믿고, 이것을 '생명의 약동elan vital'이라고 불렀다. 이것이 철학적 통찰력에 의해 진화론을 완성시켰다고 보는 베르그송의 이른바 '창조적 진화'의 개념이다.

끝으로 실용주의의 완성자인 존 듀이John Dewey도 진화론적 자연주의자임을 자처했다. 그는 도덕적, 사회적, 정치적, 혹은 경제적인 것 등 모든 가치의 기준은 사물의 본질이나 어떤 형태의 선험적이고 영원한 진리 속에서 추구되어야 한다는 입장을 거부한다. 가치란 항상 행위의 결과로 측정되며 '만족스러운' 것일 때 바람직한 것이 된다. 삶은 매우 역동적이고 환경 역시 다양하므로 체계적인 규칙을 작성하는 것도 불가능하다. 듀이에 의하면 모든 것은 상대적이고 서로운 목적을 지닌 새로운 게임들이 나타날 뿐이다. 가치에 관한 이러한 견해는 그가 스스로 인정했듯이 다윈의 영향을 받은 것이다. 가치는 자신의 환경 속에서 삶을 성공적으로 조절하고자 하는 행위의 만족도와 관계를 맺는다고 믿었기 때문이다.

이밖에도 다윈의 영향을 받아 사물의 실체보다는 현상의 과정에 주의를 더 기울인 철학자는 얼마든지 있다. 그런데 한 가지 흥미로운 일은 최근에 사회생물학을 중심으로 한 다윈주의자들이 가치의 문제에 관심을 갖고 철학적 주제, 특히 윤리학의 영역을 진화론적으로 접근하고 있다는 사실이다.

III

다윈은 진화론을 정립한 생물학자지만 그 연장선상에서 나름대로의 가치론을 가지고 있었다. 그것은 진화론의 부산물로서 지성사적 관점에서 봤을 때 조지프 버틀러Joseph Butler류의 고전적 직관주의에 영향을 많이 받았으며 제러미 벤담Jeremy Bentham의 쾌락주의적 공리주의에 대해서는 대체로 비판적이었다. 그러나 무엇보다 기독교적인 인격신의 존재를 전제하지 않고도 도덕 현상을 설명하고자 했던 점이 특기할 만하다.

다윈은 생물학적 법칙으로 설명되는 인간의 신체적 본성을 토대로 도덕의식과 도덕 원리 혹은 도덕 판단의 근거를 설명하고자 하였다. 그는 '도덕감'을 인간과 하등 동물 사이의 가장 중요한 차이라고 생각하였다. 이것은 도덕적 행위를 결정하는 최고의 원리이며 다른 원리들에 대해서 거부권을 갖고 궁극적으로 옳고 그른 것을 분별하는 기준이 되기도 한다.

다윈에 의하면 인간의 행동에 동기를 부여하는 것은 충동적인 힘, 본능적 행동, 그리고 마음속에 깊이 뿌리박힌 사회적 본능 같은 것이다. 인간을 고상하고 교양 있는 존재로 승화시키는 도덕적 덕목도 자연선택을 통해 형성된 것에 불과하다. 사회적 본능이 지속적으로 지배하면 할수록 개인의 본능은 약화되고 결국 제거되게 마련이다. 사람들이 몸을 사리거나 물건을 훔치는 등 이기적인 행동을 한 다음에 후회하게 되는 이유도 바로 여기에 있다. 만약 이것이 사실이라면 우리는 인간의 미래에 대해서 낙관적인 태도를 지녀도 좋을 것이다. 또한 안타깝게 인격신의 존재를 전제로 해서 은총과 구원을 기대할 필요도 없을 것이다. 선한 성품이나 이타적인 본능이 언젠가는 악한 기질이나 이기적인 본능을 결정적으로 제압하게 될 것이기 때문이다.

다윈의 윤리설은 허버트 스펜서Herbert Spencer로부터 오늘날 마이클 루스Michael Ruse와 에드워드 O. 윌슨Edward O. Wilson에 이르기까지 유전인자에 관한 분석이 첨가된 것 외에는 대체로 그 맥락을 같이하고 있다. 그러나 이러한 입장에는 적어도 한 가지 심각한 의문이 남는다. 다윈의 윤리설이 지나치게 낙관적이라는 심증 외에도 '진화'가 곧 '진보'를 의미하는지의 문제다. 만일 그렇다면 생물학적 진화는 도덕적 진보를 의미하게 되는데, 이것은 그의 진화론에서는 도출되지 않는 것이다. 현대의 진화론적 자연주의 윤리설에서 중요한 과제로 다루어지고 있는 것도 이 두 개념의 문제다. 물론 윌슨이 『생명의 다양성The Diversity of Life』에서 주장한 것처럼 "진보는 동물의 행동에서 지향성과 목적성을 획득하는 과정을 포함해서 전반적으로 거의 모든 가능한 직관적 기준에 따른 생명체 진화의 한 속성"이라면 문제는 해소된다. 더구나 윤리학이 "사람들끼리 협동심을 갖도록 하기 위해 자연선택에 의해 주어진 일종의 환상"이라고 규정될 때에는 문제 자체가 제기되지 않는다. 그러나 그것은 증명에 의한 '해결'이 아니라 주장에 의한 '해소'라고 간주하는 사람들이 얼마든지 있을 수 있다.

여기서 우리는 『종의 기원』이 출간된 지 150년밖에 되지 않았다는 사실을 상기해 둘 필요가 있다. '창조'와 '진화'의 대결, '진보'와 '진화'의 차이, 그리고 이 이질적인 사유 구조에 근거한 새로운 사상 체계와 철학 사조가 어떻게 전개될 것인지는 지금으로서는 가늠하기가 어렵다. 그것이 '창조적' 진화든 '진화적' 창조든, 혹은 '종합적' 사회생물학이든 '사회생물학적' 종합이든 어떤 방향으로 전개될지 예측하기는 아직 이르다고 해야 할 것이다. 그러나 진화론으로 모든 것을 설명하는 것은 가능하지도 않고 또 바람직한 것도 아니라는 점만은 확실히 인식할 필요가 있다. 그것은 과학적 가설의 하나일 뿐, 형이상학적 명제도 아니고 종교적 신앙의 대상은 더더욱 아니기 때문이다.

다원과 과학

홍성욱

서울대학교 물리학과를 졸업하고 동 대학교 과학사 및 과학철학 협동과정에서 석사학위와 박사학위를 받았다. 캐나다 토론토대학교 그 학기술사철학과 조교수로 임용되었고 2000년에 테뉴어를 받아 종신교수가 되었다. 현재 서울대학교 생명과학부 교수로 재직하고 있다. 저서로 『인간의 얼굴을 한 과학』, 『홍성욱의 과학 에세이』, 『남성의 과학을 넘어서』(공저) 등이 있다.

다윈의 진화론과
새로운 '과학적' 세계관

　자연신학자 윌리엄 페일리 William Paley 는 19세기 초엽에 출간된 『자연신학 Natural Theology』이라는 책에서 생명체의 완벽함과 오묘함이 이를 설계한 신의 존재를 입증하는 증거라고 제시했다. 그가 좋아한 기관은 인간의 눈이었다. 페일리는 우연의 축적을 통해서는 뾰루지나 점이 만들어질 수 있을지는 몰라도 눈과 같은 복잡하고 정교한 것은 생겨날 수 없다고 주장했다. 그는 시계를 예로 들어 유명한 '설계 논증 design argument'을 폈는데, 길에 떨어져 있는 시계를 발견하는 사람들은 '아, 저기에 누군가가 만든 시계가 있구나.'라고 생각하지, '아, 저기에 우연히 만들어진 시계가 있구나.'라고는 생각하지 않는다는 것이었다. 시계의 뒤에는 시계를 만든 시계공이 있듯이, 인간의 눈과 같이 복잡한 기관 뒤에는 그것을 만든 이(페일리의 경우에는 전지전능한 신)가 있을 수밖에 없다는 것이었다.

　반면 다윈은 반세기 후에 출판된 『종의 기원』에서 페일리의 '설계 논증'을 논박했다. 다윈도 인간의 눈과 같은 기관이 완벽에 가까울 정도로 잘 발달된 기관이며, 이러한 기관이 완전히 우연에 의해서 만들어졌다고 생각하기는 매우 힘들다는 것을 인정할 수밖에 없었다. 그렇지만 인간의 눈은 먼지와 모래가 바람에 날리다가 우연히 결합해서 만들어진 것이 아니었다. 인간의 눈보다 조금 덜 발달한 눈을 가진 생명체가 있고, 그 생명체보다 조금 더 낮은 수준의 눈을 가진 생명체가 있으며, 그 밑바닥에는 아주 원시적인 눈을 가진 생명체가 존재했다. 즉 처음에는 단순하고 불완전했던 생명체의 눈이 수천만 년, 수억 년의 시간이 흐르는 동안 조금씩의 변이를 거쳐 점점 더 복잡하고 다양한 형태로 진화해, 지금의 완벽한 인간의 눈으로 발전할 수 있었다는 것이다. 페일리에게 신의 존재를 입증한 증거가 다윈에게는 우연한 변이의 축적과 분화라는 자연선택 메커니즘의 타당성을 보여 주는 증거가 되었다.

    생물학을 넘어서 과학과 철학 전반에 미친 다윈의 영향은 바로 이 지점에서 나타난다. 다윈 이전에는 감탄이 나올 만큼 정교하고 복잡한 대상을 설명할 수 있는 방법은 신의 섭리나 설계밖에 없었다. 신이 설계한 자연에서 인간의 도덕적 원칙들도 도출되었다. 그렇지만 다윈 이후에는 우연한 환경의 변화, 우연히 그 환경에 적합한 기능을 가진 구조의 자연적 선택, 그리고 이를 통한 새로운 변이의 축적과 시간에 따른 종의 분화가 동일한 자연을 설명할 수 있었다. 과학자들과 철학자들은 더 이상 신의 섭리나 설계, 우주의 절대자에 의존하지 않고서 자연을 설명했고, 이러한 세계에 맞는 새로운 도덕적 원칙을 찾아야 했다. 세상은 필연, 목적, 설계디자인가 아닌, 우연, 적응, 점진적인 변화, 그리고 그 축적으로 인한 새로운 특성의 등장으로 설명되어야 할 것이 되었다. 미국의 철학자 존 듀이는 이를 두고 다윈의 진화론이 새로운 "사고의 양식mode of thinking"을 촉발했다고 강조했다. 심지어 진화론은 기업과 같이 인간이 만든 복잡한 조직이나 시계와 같은 복잡한 기술의 발명과 발전을 설명하는 데에도 적용이 되기 시작했다. 이제 진화는 복잡한 대상이나 복잡한 세상을 이해하는 한 가지 매직 키워드로 탈바꿈했다.

진화론은 유기체의 세계라는 경계를 넘어서 더 넓은 세상에 적용되었다. 사실 엄밀히 말하면 '무엇이 진화한다'는 생각은 생명체가 아닌 사회와 역사를 두고 먼저 생겨났다. 18세기 안 로베르 자크 튀르고Anne Robert Jacques Turgot, 마르키 드 콩도르세Marquis de Condorcet 같은 프랑스 계몽 사상가들은 인간의 역사가 보다 완벽한 사회를 위해서 진화해 왔다고 보았으며, 장 자크 루소Jean Jacques Rouseau와 같은 계몽철학자는 인간도 원시적 형태에서 문명적인 형태로 진화했다고 간주했다. 다윈의 진화론이 나오기 직전에도 허버트 스펜서는 진화의 원리를 생명의 세계만이 아니라 물질의 세계, 우주, 인간 사회 모두에 적용했다. 그에 의하면 물질들이 결합해서 군집을 이루고, 그 결합력의 과잉으로 군집이 다시 해체되는 과정이 우주의 진화를 관장하는 법칙이었다. 20세기 사상가 피에르 테야르 드 샤르댕Pierre Teilhard de Chardin은 무기물의 진화, 생명체 같은 유기물의 진화, 그리고 정신의 진화라는 진화의 세 단계를 설정했다. 인간이 주인공인 마지막 세 번째 단계는 진화의 방향을 설정하고 통제한다는 점에서 이전 단계와 질적으로 차이를 지닌다. 샤르댕은 이러한 논의를 기반으로 진화론과 유신론의 조화를 꾀했다. 동물계나 자연을 포함해서 이 모든 세상은 진화하지만, 인간의 진화는 절대자에 대한 신앙을 포함한 '정신적'인 국면에서 주로 진행된다는 점 때문에, 생존경쟁의 법칙이 지배하던 이전 단계의 진화와는 질적으로 다르다는 것이었다.

다윈의 진화론이 인간에게 적용될 수 있는 가능성에 대해서는 크게 두 가지 다른 의견이 존재했다. 첫 번째 견해는 인간 개개인, 사회, 국가에도 다른 생물계처럼 생존경쟁의 메커니즘이 관철된다는 것이다. 적응을 더 잘한 개인, 국가, 인종이 그렇지 못한 개인, 국가, 인종을 누르고 살아남으며, 후자는 도태된다는 것이 이러한 입장에서 나오는 자연스러운 결론이다. '사회다윈주의Social Darwinism'를 주창했던 사상가들은 대부분 이러한 입장을 지지했다. 두 번째 견해는 인간은 의식과 문화를 가진 동물로서 진화의 단계를 벗어났다는 것이다. 인간은 인간이 설정한 목적에 맞는 방향성을 가지고 사회 발전을 의식적으로 이끌어 낼 수 있는 존재기 때문에, 더 이상 맹목적인 자연법칙이 적용되지 않는다는 생각이다. 카를 마르크스는 "인간의 역사는 자연의 역사와 다르다. 우리는 전자를 만들어 왔지만, 후자는 아니다."라고 인간과 자연을 구분했고, 러시아의 마르크스주의 사상가 게오르기 발렌티노비치 플레하노프Georgii Valentinovich Plekhanov는 "마르크스의 질문은 다윈의 질문이 끝나는 곳에서 시작했다."고 하면서 인간 사회를 이해하는 데 다윈의 진화론이 무용함을 강조했다.

다윈이 진화의 메커니즘으로서 자연선택 개념을 창안해 내는 데 토머스 맬서스Thomas Malthus의 『인구론An Essay on the Principle of Population』에서 서술된 생존경쟁 개념의 영향이 컸다는 사실은 잘 알려져 있다. 마르크스처럼 다윈의 진화론이 인간 사회에 적용되는 것에 회의적인 태도를 보인 사람들 중에는 다윈의 이론이 자유경쟁을 정당화하던 영국의 정치경제학을 자연과학에 적용한 것에 다름 아니라고 생각한 이들이 있었다. 즉, 다윈의 이론은 영국의 특정한 정치경제학의 자연과학적 버전이나 다름없기 때문에, 이를 다시 인간 사회에 적용해서 그 결과를 보편적 사회과학이라고 제시하는 것은 사회과학을 왜곡하는 결과를 낳는다는 것이었다. 사실 다윈이 『종의 기원』을 출판하기 이전에 스펜서는 "최적자 생존survival of the fittest"의 원리에 입각해서 자유방임주의 정치 경제 체제를 옹호했다. 다윈의 동료이자 역시 진화론을 주창한 앨프리드 러셀 월리스Alfred Russel Wallace도 스펜서의 최적자 생존 개념을 선호했으며, 다윈에게 진화의 메커니즘으로 자연선택 개념을 버리고 대신 스펜서의 최적자 생존 개념을 택할 것을 권유하기도 했다. 다윈은 자신의 자연선택 개념이 진화론의 핵심이라고 생각해서 이 제안을 거절했다. 스펜서의 최적자 생존은 부적격자는 모조리 도태되고 최적자만이 살아남는다는 부정적이고 비관적인 세계관을 반영했던 반면에, 다윈의 자연선택은 진화가 새롭게 적응하는 자를 계속해서 만들어 내는 '창조'의 과정임을 강조했다는 차이가 있었다.

적자생존, 생존경쟁 개념은 19세기 말엽 이후에 '사회다윈주의'의 토대를 제공했다. 이 이론은 자연의 진화를 인간 사회에 그대로 적용했고, 이에 따르면 사회적 약자를 보호하는 복지 정책은 국가가 자연적으로 도태될 계층의 자손을 번식하게 독려함으로써 자연적 진화를 역행하는 것이나 다름없었다. 반대로 사회다윈주의는 자유방임주의와 경쟁의 중요성을 부각했는데, 미국의 사회다윈주의자 윌리엄 섬너William Sumner는 "적자생존을 받아들이지 않는다면 당신은 부적자

생존을 받아들일 수밖에 없다."고 하면서, 심지어 "백만장자는 자연선택의 당연한 결과"라고 강조했다. 그는 자유경쟁 경제 체제의 철저한 신봉자로서, 사회적 약자를 보호하는 의료·교육 부문의 국가 복지 정책을 비판했다. 섬너의 철학을 받아들인 미국의 부호 존 록펠러John Rockefeller는 "미국 대기업의 성장은 적자생존의 결과"이며, "이것은 사악한 경향이 아니라 자연의 법칙, 신의 법칙의 구현"이라고 이를 정당화했다.

사회다원주의는 국가의 복지 정책을 비판하면서 자유방임을 찬양했지만, 진화의 과정에 적극적으로 개입해야 한다는 사회공학social engineering적인 입장을 표방한 그룹도 있었다. 이들은 우생학eugenics을 제창한 우생학자들이었다. 다윈의 진화론에 의하면 적자the fit의 증거인 적응도fitness는 곧 살아남아서 자식을 많이 낳는 것이 되는데, 인간 사회의 경우에는 사회의 최빈층이 자식을 가장 많이 낳는다는 아이러니가 있었다. 우생학자들은 똑똑하고 건강한 중산층 이상의 계층에게 다산을 권장하고, 가난한 계층에 대한 국가의 지원을 없애는 것은 물론 극빈자나 범죄자 같은 계층은 거세를 시켜서라도 자식을 낳지 못하게 해야 한다고 주장했다. 이들에 따르면 이러한 강제적 조치들은 진화의 법칙을 인간 사회에 왜곡되지 않은 형태로 적용하기 위한 유일한 방법이었다. 19세기 말엽에 독일의 보수주의 우생학자들은 다른 인종에 비해서 유럽의 백인들이 최적자이고, 이들의 적응도가 높은 지능으로 나타나며, 따라서 낮은 지능의 유색인, 유태인들은 높은 지능을 가진 백인에 의해서 멸절되는 것이 자연의 법칙이라고 기존 우생학의 주장을 확장했다. 극단적인 우생학은 유럽의 제국주의를 정당화했고,

결국에는 수백만 명의 목숨을 앗아 간 나치 정권의 홀로코스트로 이어졌다.

다윈은 『종의 기원』에서 인간에 대해서는 거의 아무런 얘기도 하지 않았다. 다만 여기서 자신의 진화론이 인간의 본성과 역사에 대해서 "빛을 던질 것"이라고만 언급했다. 그러나 최근 연구는 다윈이 『종의 기원』 6장의 한 절로 인간의 진화 문제를 다룰 계획을 세웠고 이를 위한 자료도 수집했는데, 책을 집필하는 과정에서 이 절을 생략했음을 밝히고 있다. 또 한 가지 분명한 사실은 1859년에 『종의 기원』이 출판된 후 여러 사상가와 사회과학자들이 생존경쟁을 중심으로 한 진화론을 인간 사회에 적용시켜 인간의 진화와 사회의 진화, 전쟁, 종족의 융성과 멸망을 힘 있는 부족이나 국가가 약한 부족이나 국가를 멸망시키는 과정으로 이해하는 설명틀을 제공했으며, 다윈은 이를 꼼꼼하게 읽고 소화해서 이중 많은 내용을 1871년에 출판한 『인간의 유래』에 포함시켰다는 것이다. 그렇지만 『인간의 유래』에는 다윈이 중요하게 생각했던 '사회적 본능social instinct'으로서의 인간의 동정심이나 도덕, 윤리, 책임 의식의 진화론적 설명을 강조하는 부분도 많이 포함되어 있다. 따라서 이를 종합하면, 『인간의 유래』는 모순되고 상충된 설명 체계를 낳았다. 인간은 진화의 결과로 협동 능력과 타인에 대한 배려나 윤리를 발전시켰는데 이렇게 생긴 도덕심과 윤리적 태도가 약자를 배려하는 결과를 낳아서 더 이상의 진화적 발전이 불가능하게 되었다는 것이 그것이었다.

다윈의 진화론, 특히 『인간의 유래』에서 서술된 진화론에는 개인과 국가 간의 피비린내 나는 경쟁을 강조한 구절도 있고, 타인을 배려하는 도덕심과 지적 능력이 인간의 가장 큰 장점임을 강조하는 구절도 있으며, 지금도 민족과 국가 간의 생존경쟁이 벌어지고 있다고 분석한 부분도 있고, 지적인 능력을 가진 인간은 지금의 문제를 극복하고 미래에는 보다 완벽한 사회를 만들 것이라는 진보에 대한 신념을 드러내는 부분도 있었다. 어떤 관점에서 보면 다윈이 우생학을 지지했다고 해석될 수 있는 구절도 있고, 또 우생학적인 인구 통제 정책에 명백하게 반대하는 구절도 있었다. 분명한 것은 다윈이 인간과 사회를 이해하는 데 생존경쟁의 진화 이론이 한 가지 매우 중요한 방법이 될 수는 있지만, 이것이 유일한 방법이라고는 생각하지 않았다는 것이다. 다윈은 이러한 문제에 대해서 매우 신중하고 유보적인 태도를 보이면서 접근했는데, 사회다윈주의나 우생학 이론을 주창했던 이후 세대의 사상가들은 다윈의 신중한 태도에는 아랑곳하지 않고 다윈의 진화론이라는 과학의 외피를 걸치고 자신들의 주장이 '과학적'이라고 강조하는 데 급급했던 것이다.

다윈과 윤리학

정연교

성균관대학교 철학과를 졸업하고 미국 로치스터대학교 철학과에서 박사학위를 받았다. 현재 경희대학교 철학과 교수로 재직 중이다. 『인간이란 무엇인가』(공저), 『맥루언을 읽는다』(공저) 등을 썼으며 『이렇게 살아가도 괜찮은가』, 『진화론과 자연주의적 윤리학』등을 번역했다.

윤리의 세방화를 촉진시킨 다윈과 다윈주의

정연교

　다윈이 대변하는 세계관과 윤리학의 관계, 즉 다윈주의와 윤리와 도덕에 대한 철학적 조망의 관계는 복잡하고 다단하다. 다윈주의가 무엇을 의미하는지에 대해 의견이 분분하듯 윤리학을 이해하는 방식도 제각각이다. 하지만 때마다 개념을 정의해서 쓰면 소모적인 말다툼을 줄일 수 있다.

　먼저 '다윈주의Darwinism'이다. 20세기를 대표하는 생물학자 에른스트 마이어Ernst Mayr는 "세계가 불변하다거나, 비교적 최근에 창조되었다거나, 끊임없이 윤회한다는 세계관과 구별되는 세계관"을 다윈주의라 정의한다. "세계는 그 자체가 지속적으로 변화하며 유기체 역시 시간이 경과함에 따라 변한다는 믿음"이 다윈주의이다. 모든 유기체가 공동의 조상으로부터 비롯되었으며, 자연선택에 의해 점진적인 변화가 축적된 결과 새로운 종이 탄생, 진화가 이루어진다는 통상적인 정의와 사뭇 다른 듯하지만 큰 틀에서 보면 같다. 다윈주의는 창조주와 섭리, 소명과 진보의 부정을 내포한다.

다음은 윤리학이다. 윤리학은 철학의 한 분야로 철학은 본질적으로 메타 학문이다. 세계 그 자체가 아니라 지식을 탐구의 대상으로 삼는다. 사회철학자는 사회 현상이 아니라 사회를 바라보는 사회과학자의 시각에 주목한다. 철학자는 과학자가 당연시하는 기초적인 개념과 그들이 세계와 소통하는 탐구 방식을 논제로 삼는다. 윤리학의 경우, 화두 중 하나는 '나쁘다'라는 말이 '노랗다'는 말과 유사한지 알아보는 것이다. 만약 유사하다면, 도덕적 속성도 자연적 속성과 같은 방식으로 객관적 준거를 가질 수 있지만, 그렇지 않다면 어떻게 해서 의미를 지속적으로 유지할 수 있는지 알아보아야 한다. 윤리학의 화두 중 다른 하나는 "자율과 형평, 복리와 질서 등 다양한 가치 중 어떤 것이 다른 것보다 더 우선하는가?"이다. 한마디로 어떻게 살아야 하는지 답하는 것이다. 흔히 윤리적인 언명의 의미론적 근거를 탐구하는 분야를 메타윤리학이라고 하고, 다양한 가치들의 우선순위를 조정하여 옳고 그름의 기준을 모색하는 분야를 규범윤리학이라고 한다. 분야가 두 개로 나뉘어 있으니 다윈주의가 윤리학에 미친 영향 또는 그와 연관된 오해도 두 가지로 나누어 생각하는 것이 좋겠다.

먼저 메타윤리학에 미친 영향이다. 『종의 기원』이 발간되자 새뮤얼 윌버포스Samuel Wilberforce 주교와 토머스 헉슬리Thomas Huxley가 옥스퍼드 대학교에서 진화론을 놓고 격론을 벌였다. 윌버포스는 헉슬리를 원숭이 후손이라고 힐난했고 헉슬리는 윌버포스가 원숭이보다도 못한 자라고 응수했다. 당시에는 헉슬리가 이겼다고 전해진다. 하지만 윌버포스는 다윈주의자에게 두 가지 난제를 남겼다. 만약 '인간＝원숭이'라면, 사람 목숨이 개나 돼지 목숨보다 소중한 이유를 찾아야 한다. 이성, 양심, 자의식 따위를 들어 사람은 특별하다고 '변명'해야 한다. 하지만 생각처럼 쉽게 끝나지 않는다. 이성이나 양심의 존재가 왜 사람을 존엄하게 만드는지 또다시 변명해야 하기 때문이다.

윤리학적인 관점에서 볼 때 '인간 = 원숭이'보다 더 치명적인 것은 '인간의 말 = 원숭이의 소리'이다. 설사 사람이 원숭이와 다르지 않다고 해도, 잃는 것은 전통적인 인간 중심적 태도지 윤리 그 자체가 아니기 때문이다. 사람이 원숭이라도 가치는 존재한다. 형평, 효율, 복리 등은 행위자의 종이 무엇이든지 공히 '좋은 것'이다. 하지만 '나쁘다'는 말이 '꽥꽥' 소리와 다르지 않다면 얘기가 다르다. 모든 윤리적 언명이 공허한 외침에 불과하게 되기 때문이다. '도둑질은 나쁘다'도 도둑맞고 화가 난 화자의 심정 이상을 의미하지 않게 된다. 그래서 메타 윤리학적 관점에서 보면 다원주의의 본질적인 문제는 의미론적 허무주의이며, 윌버포스가 염두에 둔 것도 이 점일 수 있다.

하지만 다원주의와 의미론적 허무주의가 불가분의 관계에 있는 것은 아니다. 다윈 이전에도 허무주의는 있었고 다원주의가 허무주의를 확고히 할 수 있는 특별한 논거를 제공한 것도 아니다. 다만 다원주의로 인해 그나마 명맥을 유지하던 신학적 입장이 학계에서 거의 멸절 상태에 이르게 된 사실에 주목할 필요는 있다. 다원주의는 세속화를 가속시켰다. 그것도 날이 갈수록 더 빠르고 더 넓게 확장시켰다. 하지만 세속화가 곧 허무주의는 아니다. 대부분의 다원주의자들은 윤리적 판단이 객관적일 수 있다고 믿는다. 윤리적 판단이 궁극적으로는 집단적 정서에 불과하다고 해도 무의미하거나 시비를 가릴 수 없다고 생각하지 않는다. 윤리가 우리가 지닌 다른 여러 신체적, 정신적 특징처럼 우리의 선조들이 수천 세대를 지내 오며 생존, 번식하는 가운데 갖게 된 생존 기제의 일부라고 해도, '나쁘다'는 개가 짓는 소리나 원숭이의 비명과 달리 호불호를 넘어 복합적 인식 기능에 수반하는 개념 체계의 일부로서 기능하기 때문이다. 윤리적 판단을 내리는 일은 마치 장기판에서 말을 움직이는 것과 같다. 장기 놀이 규칙이 없다면 말을 움직이는 것은 아무런 의미도 갖지 못한다. 그러나 규칙에 따르는 행위일 경우, 한 수 한 수가 심오한 객관적 의미를 지닌다.

　다음은 규범윤리학에 미친 영향이다. 프리드리히 니체가 다윈주의와 허무주의를 혼동했다면, 에른스트 헤켈 Ernst Haeckel 은 파시즘과 동일시했고, 페미니스트들은 남성 우월주의로 착각했다. 다윈주의가 파시즘으로 오해받게 된 것은 허버트 스펜서, 토머스 맬서스, 프랜시스 골턴 Francis Galton 등이 다윈주의를 원용하여 국가와 사회 현상을 설명하면서부터다. 이들은 자연선택을 "적자생존"과 동일시함으로써 마치 자본주의, 순혈주의 그리고 민족주의가 생물학적 운명인 것처럼 찬양했다. 하지만 다윈주의는 경쟁을 찬양하지도, '부적자'를 박해하지도, 민족 국가를 숭앙하지도 않는다. 사실과 당위를 구별하기 때문이다. 경쟁은 실재한다. 그러나 그것이 경쟁을 당연하거나 바람직하게 만들지 않는다. 그 반대의 경우도 마찬가지다. 좋고, 나쁘고, 옳고, 그르다는 판단은 사실 그 자체로부터 도출할 수 있는 것이 아니다. 사회다윈주의가 이념적 공과를 떠나 일종의 '오버over'인 가장 근본적인 이유다.

　남성 우월주의는 어떠한가? 많은 페미니스트들이 다윈주의를 남성 우월주의의 일종이라고 비난해 왔다. 다윈 이래 생물학자들은 암컷과 수컷의 차이를 강조하고 이를 토대로 남녀의 사회적 역할이나 기능을 설명하려 했던 것이 사실이다. 그러나 이 경우에도 합당한 논의와 '오버'를 구분할 필요가 있다. 다원주의는 규범적 입장이나 이념과 무관하다. 더구나 준거점을 언급하지 않고 무조건 수컷이 암컷보다 "우월"하다고 주장하는 것은 무의미하다. 구체적인 기능을 제시하지 않으면 평가적인 언명도 자기 선호 표현에 지나지 않게 된다. "남자는 여자보다 잘났다."고 말하는 것이나 "난 남자가 좋아."라고 말하는 것이나 무엇이 다른가?

그럼에도 불구하고 다원주의가 스테레오타입stereotype, 정형(定型)을 강화하는 데 일조했다는 사실을 부인하기는 어렵다. 다만 그것이 전적으로 다윈 탓인지는 의문이다. 다윈의 성선택 이론은 남자와 여자가 어떻게 상대방의 '제물'이 되지 않기 위해 노력하는지를 암수 간 생존, 번식 전략의 차이에 토대를 두고 설명한다. 만약 성선택 이론이 학문적인 면에서 결함이 있거나, 그것보다 남녀의 행태를 더 잘 설명하는 이론이 있다면 비판받는 것이 옳다. 객관적이고 학문적인 평가는 정당하며 필요하다. 하지만 성선택 이론을 수컷 우월주의로 착각하는 일부 때문에 다원주의를 남녀 차별을 용인하거나 조장하는 입장으로 보는 것은 옳지 않다. 핵전쟁이 알베르트 아인슈타인Albert Einstein 때문이라고 질책하는 것이나 진배없다. 다원주의자와, 다원주의를 빌미로 남성 우월주의를 조장하는 이데올로그idéologues는 구분해야 마땅하지 않겠는가?

이제까지 우리는 주로 다원주의와 윤리학의 관계에 대한 잘못된 견해를 살펴보았다. 이제는 다원주의가 윤리학에 기여한 바에 대해 살펴볼 차례다. 허무주의도, 파시즘도, 남성 우월주의도 아니라면, 다윈주의는 어떤 영향을 미쳤는가? 한마디로 표현하면, 가치 다원주의, 즉 윤리의 '세방화glocalization'이다. 세방화는 본래 보편적 질서를 부인하지 않으면서도 다른 한편으로 문화적, 지리적, 역사적 특징과 개성을 강조하는 국제화 현상을 의미한다. 최근 가치 다원주의가 유행하면서 마치 오래전부터 있어 왔던 것처럼, 당연한 것으로 생각하는 사람들도 있지만 사실은 전혀 그렇지 않다.

윤리가 원래 보편적이었던 것은 아니다. 윤리는 소규모 공동체의 습속에서 출발했다. 고대 희랍어 'ethikos'와 라틴어 'moralis' 모두 관습과 예절을 뜻한다. 그래서 예전에는 도덕이나 규범의 정당성에 대해 의문을 제기하는 일 자체를 금기시했다. 이렇게 내집단 지향적이었던 윤리가 보편적이 될 수 있었던 가장 큰 이유는 소규모 부족 공동체가 제국이 되었기 때문이다. 부족 국가였던 로마가 전 세계를 지배하게 되면서 로마인의 습속이 보편법이 되었고, 유대 부족의 개혁 종교가 '보편'을 뜻하는 가톨릭으로 발전하였다. 유교와 불교의 경우도 크게 다르지 않다. 하지만 거꾸로 제국이 붕괴하면, 이에 따라 규범도 쇠퇴하게 마련이다. 로마 제국의 멸망과 국민 국가의 등장 그리고 신세계의 발견은 보편의 바탕 위에 다시 특수화를 배태했다. 그 결과 사람들은 보편적인 역사와 가치에 대한 조망에 더해 자신과 다른 문화의 존재를 인식할 수 있게 되었다. 그리고 그에 따라 윤리는 발견해야 할 진리의 영역이 아니라, 만들어 가야 할 창조의 영역임도 알게 되었다.

윤리의 세방화가 다윈에 의해 촉발된 것은 아니다. 하지만 그 누구 못지않게 공헌한 사람 중 하나가 다윈이다. 가치 다원주의가 자리잡기 위해서는 몇 가지 조건이 충족되어야 한다. 우선 가치와 진리가 분리되어야 한다. 가치의 원천을 하늘이 아니라 사람으로부터 찾을 수 있어야 한다. 둘째 이성에 대한 편집증으로부터 탈피할 수 있어야 한다. 도덕이나 윤리가 고매한 이성을 갈고닦아 발견할 수 있는 진리라는 생각을 버려야 한다. 셋째 문화와 가치의 기능을 효용에서 찾아야 한다. 문화와 가치가 생존 기제의 일부임을 인식하고 환경에 따라 얼마든지 상이한 습속과 전통이 있을 수 있음을 인식해야 한다. 넷째 그럼에도 불구하고 바람직한 문화나 가치가 갖추고 있는 공통적 요소가 있다는 사실을 알아야 한다. 형평과 효율, 배려와 사익, 규율과 자율이 적절하게 배분되지 않을 경우 어떤 가치나 문화도 오래 지속될 수 없음을 알아야 한다.

다원주의와 다원주의자들은 가치 다원주의를 창시하지는 않았지만 앞에서 열거한 여러 조건이 충족될 수 있는 다원주의 문화가 자리 잡는데 크게 기여했다. 어떤 이는 공감, 동정심, 분개, 죄의식, 좌절 등과 같이 사람이 지닌 도덕적 감성이 언제 어떤 방식으로 작동하는지 밝혀냄으로써, 다른 이는 동물과 사람의 생리학적, 해부학적, 행태적 특징을 비교 분석함으로써, 그리고 또 다른 이는 게임 이론과 같은 경제학적 도구와 컴퓨터 시뮬레이션을 통해 어떻게 이기성과 호혜성이 양립 가능한지 보여 줌으로써 가치의 세방화를 촉진하는 데 일조했다. 요즘도 우리는 매일 다윈의 후예들이 여기저기서 찾아내고 조사하고 상상해 낸 정보를 통해 우리가 어떤 존재인지 새록새록 깨닫고 있다.

다윈은 윤리학에 아무것도 기여한 것이 없다고 생각하는 사람도 있다. 사실 『종의 기원』이 발간되기 정확하게 100년 전인 1759년에 발간된 애덤 스미스Adam Smith의 『도덕 감성론The Theory of Moral Sentiment』이 이미 다윈보다 더 다윈적인 윤리관을 담고 있었다. 하지만 이는 스미스가 주창했던 내용이 오늘날 주도적인 윤리관이 될 수 있었던 가장 큰 요인이 무엇인지 모르기 때문에 하는 말이다. 지난 세기 다윈과 다윈주의는 마치 쓰나미tsunami처럼 지식의 전 영역을 덮쳐 순식간에 모든 것을 뒤엎어 버렸다. 윤리학도 예외일 수 없었다. 사실 우리는 아직도 다윈주의의 여파를 추스르며 살아가고 있다고 말해도 과언이 아니다.

다윈과 종교

장 대 익

카이스트를 졸업하고 서울대학교 대학원 과학사 및 과학철학 협동과정에서 박사학위를 받았다. 영국 런던정경대학의 과학철학센터에서 생물철학을, 일본 교토대학교 영장류연구소에서 침팬지의 인지와 행동을, 미국 터프츠대학교 인지연구소에서 마음의 구조와 진화에 관해 연구했다. 현재 동덕여자대학교 교양교직학부 교수로 재직하고 있다. 저서로『진화론도 진화한다: 다윈 & 페일리』,『다윈의 식탁』, 역서로『통섭』(공역) 등이 있다.

신 중심의 세계관을 뒤흔든 다윈

장대익

장례식이 진행 중인 무덤 앞에 그는 끝내 나타나지 않았다. 어젯밤 생사의 기로에서 숨을 헐떡이는 어린 딸의 소생을 위해 간절히 기도하던 그였다. 그는 한때 목사가 되기 위해 신학을 공부했었고, 신앙인인 아내를 끔찍이 사랑했다. 하지만 아이는 끝내 숨졌고 그는 사랑하는 딸을 빼앗아 간 신을 받아들일 수 없었다. 찰스 다윈, 그에게 신의 존재는 실존의 문제이기도 했다.

세상을 바꾼 과학자 중에서 다윈만큼 종교 때문에 가슴앓이를 한 이도 드물다. 그는 비글호 항해를 마치고 영국으로 돌아온 후부터 줄곧 이 문제와 씨름해 왔다. 창조론이 대세였던 당시의 영국 사회에서 "자연선택을 통해 새로운 종이 탄생한다."는 그의 생각은 매우 불온했기 때문이다. 일부 식자층에서는 신의 특별 창조를 의심하기도 했지만 진화론을 대놓고 옹호할 수는 없는 상황이었다. 게다가 그는 기도하는 아내를 배신하고 싶지 않았다.

그래서 그는 장롱 속으로 숨어 버렸다. 자신만의 공책에 "신에 대한 사랑이 단지 두뇌 작용의 산물이 아닌가."라는 질문을 던지고는 "오, 이런 유물론자여!"라고 독백하기도 했다. 서신을 통해 막역한 후배 동료에게 "나는 종이 변한다는 사실을 거의 확신한다오. 마치 살인을 자백하는 것 같구려."라고 적기도 했다. 또한 이단으로 낙인찍히는 것이 두려웠던지 『종의 기원』 2판부터는 맨 마지막 문단에 "창조자에 의해"라는 구절을 슬쩍 끼워 넣는다. 언젠가 그는 "마흔 살에 기독교를 버렸다."고도 했지만, 드러내 놓고 무신론을 옹호한 적은 단 한번도 없었다. 대신 하루에도 수십 번 천당과 지옥을 들락날락하는 "불가지론자agnostic"의 운명을 택했다. "불가지론agnosticism"은 "다윈의 불독"이라는 별명을 갖고 있었던 생물학자 토머스 헉슬리가 만들어 낸 말이다.

도대체 자연선택 이론이 무엇이기에 다윈 자신의 종교적 신념마저 뿌리째 흔들어 놓았단 말인가? 사실 '종이 변한다'는 생각 자체는 다윈이 자연선택 이론을 제시했을 당시만 해도 그렇게 새로운 것은 아니었다. 『종의 기원』 3판부터는 아예 첫머리에서 종의 변화 가능성을 주장했던 33명의 학자들을 열거하고 있을 정도다. 그중에는 다윈의 친할아버지인 에라스무스 다윈Erasmus Darwin과 프랑스의 생물학자 장바티스트 라마르크도 포함되어 있었다.

다윈이 새롭게 성취한 것은 두 가지였다. 첫째로 진화의 과정이 어떻게 일어나는가에 대한 주요 메커니즘으로서 자연선택을 내세웠다는 점이다. 그는 이 선택 과정을 통해 개체들 간의 차등적인 생존과 번식이 일어나며 그로 인해 생명이 진화한다고 생각했다. 또 다른 중요한 기여는 생명이 마치 나뭇가지가 뻗어 나가듯 진화한다는 사실을 밝혀 준 데 있었다. 우리는 이를 "생명의 나무tree of life"라 부른다. 자연선택 이론도 그렇지만 생명의 나무 이론도 전통적인 생명관을 완전히 바꿔 놓았다.

타임머신을 타고 19세기 중엽 유럽으로 가 보자. 그때까지 사람들은 자연계를 위계적으로 보았다. 존재의 맨 밑바닥에는 광물이 있고 그 위에 식물, 그 다음엔 동물, 그리고 그 위에 인간이 존재한다고 생각했다. 물론 천사와 신은 인간 위의 존재였다. 말하자면 생명을 일렬로 쭉 세워 놓고 우열을 가리는 식이었다. 영국의 시인 알렉산더 포프Alexander Pope는 이런 위계를 "존재의 대사슬great chain of being"이라 불렀다. 달리 표현하면 '생명의 사다리'다. 물론, 인간은 이 사다리에서 초고위층이다.

하지만 다윈은 이런 '생명의 줄 세우기'에 반기를 들었다. 그는 사다리 대신에 나무를 택했다. 그의 '생명의 나무'에서는 지렁이건 장미건 살아 있는 모든 것들은 하나의 공통 조상에서 갈라져 나온 여러 가지들이다. 그리고 인간도 현재 살아 있는 수많은 잔가지들 중 하나일 뿐이다.

『종의 기원』에서 다윈은 자신의 이론이 인간의 본성에 대해 도발적인 함의를 갖고 있다는 사실을 정확히 알고 있었던 것 같다. 하지만 그는 단지 "내 이론은 인간의 기원에 대해 새로운 함의를 준다."라는 정도로 얼버무리고 12년이 지난 후에야 인간의 진화를 본격적으로 다룬 두 권의 책,『인간의 유래』와『인간과 동물의 감정 표현』을 연달아 세상에 내놓았다.

이와 관련하여『종의 기원』을 읽자마자 "이런 바보 같으니! 이 쉬운 것을 나는 왜 여태 생각해 내지 못했을까?"라며 탄식했던 헉슬리의 행보가 흥미롭다. 그는 『인간의 유래』가 출간되기 8년 전에 이미 『자연에서 인간의 위치Man's place in nature』라는 책에서 긴팔원숭이, 오랑우탄, 침팬지, 고릴라, 그리고 인간의 골격이 매우 유사하다는 사실을 해부학적 관점에서 보여 주었다. 앞에 나서기를 꺼렸던 다윈과 달리 헉슬리는 공개적인 토론을 즐기는 탁월한 논객으로서 다윈을 대신하여 당대 최고의 학자들과 대논쟁을 벌였다. 그중에서 특히 해부학자 리처드 오언Richard Owen과의 뇌 비교 논쟁인간의 뇌와 고릴라의 뇌를 비교과 옥스퍼드의 주교 새뮤얼 윌버포스와의 인간 조상 논쟁은 꽤나 유명하다.

1860년 6월 30일 영국과학진흥협회 연례 모임에서 윌버포스와 헉슬리가 한자리에 섰다. 윌버포스는 연설 도중 헉슬리를 바라보며 물었다. "당신이 원숭이의 자손이라고 주장한다면 그 조상은 할아버지 쪽에서 왔습니까, 아니면 할머니 쪽입니까?" 곳곳에서 웃음이 터지자 헉슬리는 당당하게 "중요한 과학 토론을 단지 웃음거리로 만드는 데 자신의 재능을 사용하려는 그런 인간보다는 차라리 원숭이를 할아버지로 삼겠습니다."라고 되받아쳤다.

원숭이와 인간이 최근의 공통 조상에서 갈라져 나온 사촌지간이라는 생각은 당시 영국 사회에서 분명 거북살스러운 것이었다. 다윈의 은사이기도 했던 케임브리지대학교의 지질학자 애덤 세즈윅Adam sedgwick은 그것을 "솜씨 좋게 요리한 한 접시의 계급 유물론"일 뿐이라고 비난했다. 인류가 동물 세계의 자손이라는 다윈의 이론에 사람들의 반응은 대체로 다음과 같았다. "세상에, 인간이 원숭이의 자손이라니! 사실이 아니길, 하지만 만일 사실이라면 널리 알려지지 않기를."

다윈의 진화론은 또 다른 측면에서도 신 중심의 세계관을 뒤흔들어 놓았다. 다윈의 자연선택 이론에 따르면 정교하게 적응되어 있는 자연 세계를 설명하기 위해 더 이상 '지적인 신'을 상정하지 않아도 된다. 수천 년 동안 서양 사람들은 복잡하고 정교한 자연계의 생명체들을 보며 창조자를 떠올렸다. 시계를 만든 시계공이 있듯이 삼라만상을 만든 지적인 존재가 있을 것이라는 발상이다. 가령, 신학자 윌리엄 페일리는 『자연신학』이라는 책에서, 인간의 눈과 같은 복잡한 기관들은 자연적인 과정으로는 생성이 불가능하기 때문에 지적인 설계자에 의해 창조될 수밖에 없다고 논증하였다.

동물행동학자 리처드 도킨스Richard Dawkins는 『눈먼 시계공The Blind Watchmaker』에서 바로 그 추리가 오류임을 보다 명확히 밝히고 있다. 그의 주장은 생물계의 복잡한 기능들은 자연선택을 통해 진화할 수 있기 때문에 지적인 설계자가 필요하지 않다는 것이다. 그에 의하면 다윈이야말로 페일리식의 설계 논증을 혁파한 최초의 인물이며, 자신은 그의 발자취를 따라 자연선택의 창조적인 과정을 현대적 관점에서 쉽게 설명한 해설가일 뿐이다. 도킨스는 자연선택을 시계공에 비유한다. 여기까지는 페일리와 똑같다. 하지만 그 시계공이 장님이다. 자연선택의 결과인 생명체들을 보던 마치 숙련된 시계공이 있어서 그가 설계하고 고안한 것 같은 인상을 주지만, 그것은 어디까지나 인상일 뿐 실제의 자연선택은 앞을 내다보지도 못하고 절차를 계획하지도 않으며 목적을 드러내지도 않는 과정이다.

인지철학자 대니얼 데닛Daniel Dennett은 다윈의 자연선택 이론과 창조론을 각각 크레인Crane, 기중기과 스카이훅skyhook에 비유하며 자연선택 메커니즘의 놀라운 창조력을 설명했다. 크레인은 정교하고 복잡한 구조물을 높이 쌓을 때 꼭 필요한 장치로서 실제로 건설 현장에서 쓰인다. 반면 스카이훅은 허공에 뜬 상태에서 크레인의 기능을 하는 장치로서 실제로는 존재할 수 없다. 데닛에 따르면 적응적 형질을 차곡차곡 쌓음으로써 정교하고 놀라운 생명체를 만드는 자연선택 메커니즘은 크레인에 해당되며 창조론은 그런 자연적 메커니즘에 비해 터무니없고 작동이 불가능한 스카이훅일 뿐이다.

그렇다면 이런 진화 혁명을 이끈 주역인 다윈마저도 왜 신의 언저리를 맴돌았던 것일까? 혹시 신에 대한 인간의 믿음은 유전자나 뇌에 각인되어 있는 것이 아닐까? 아니, 신앙을 가진 이가 진화 역사에서 더 큰 이득을 봤기 때문에 여태까지 종교가 건재한 것은 아닐까?

사실, 최근 학계에서는 진화론과 인지과학적 관점으로 종교 현상을 설명하려는 흐름이 두드러지고 있다. 가령, 초월자를 믿는 행위 자체가 독 있는 음식을 피하는 행위처럼 하나의 적응적 행동이었다고 보는 이들도 있고,_종교 적응주의자_ 인간이 우연에 만족하지 못하고 인과적 이야기를 만드는 능력을 진화시키다 보니 그 부산물로 신을 최종 원인으로 두는 행위가 자연스럽게 생겼다는 입장도 있다._종교 부산물론자_ 이 두 입장에 따르면 신은 인간과 공동 운명체다.

사회생물학자 에드워드 O. 윌슨은 대표적인 종교 적응주의자이다. 그에 따르면 인간의 마음은 신과 같은 초월자를 믿게끔 진화했다. 가령 그는 동물 집단에서 나타나는 서열 행동_열위자가 우위자에게 복종하는 행동_이 종교와 권위에 순종하는 인간의 행동과 매우 유사하다고 말한다. 그리고 그는 동물들이 서열 행동을 통해 각자의 적응적 이득을 높이듯이, 인간도 종교적 행위들을 통해 자신의 번식 성공도_reproductive success_

를 높였을 것이라고 주장한다. 윌슨처럼 종교의 적응적 이득을 주장하는 이들은 종교가 사람을 기분 좋게 만들고 사후에 대한 두려움을 덜어 주며 불확실한 상황에서 판단을 도와주기 때문에 진화했다고 주장한다. 즉 초월자를 믿는 것이 그렇지 않은 것보다 개인의 생존과 번식에 도움이 된다는 것이다. 하지만 종교가 일종의 적응이라는 견해의 문제점은 그것이 종교의 진화와 이념또는 가치의 진화를 구분해 주지 못한다는 점이다. 사실, 종교 진화론이 풀어야 할 과제는 '초자연적 존재를 상정하는 반직관적이고 반사실적인 믿음들'이 어떻게 진화할 수 있는가이다.

종교를 인지 적응들의 부산물로 보는 견해는 바로 이 과제에 답한다. 진화사의 관점에서 보면 인류는 99.9퍼센트의 시기를 수렵-채집을 하며 매우 어렵게 보냈다. 이 시기에 인류를 계속 옥죄던 적응 문제adaptive problem들을 해결하기 위해 인류는 적어도 포식자의 존재를 탐지하고 추론하는 능력, 자연적 사건들에 대한 인과적 추론과 설명 능력, 다른 사람들의 마음을 읽는 능력 등을 진화시켜야 했다. 진화심리학자들은 이것들을 차례로 행위자 탐지agent detection 능력, 인과 추론 능력, 그리고 마음 이론theory of mind 능력이라 부른다. 종교가 부산물이라고 주장하는 사람들은 종교가 이런 인지 능력들 때문에 따라 나오게 된 부산물이라고 본다.

예컨대 행위자 탐지 능력은 그 행위자가 심지어 초자연적 대상인 경우에도 작동한다. 그리고 우연적 사건에 만족하지 못하고 인과적 이야기를 원하는 인간의 인과 추론 본능은 초자연적 존재자를 최종 원인으로 두려는 것을 부추긴다. 마지막으로 상대방의 마음을 읽을 수 있는 능력을 가진 정상인은 '나의 정신 상태를 정확하게 꿰뚫고 있는' 초월자의 보이지않는 마음까지 창조해 낼 수 있다. 하지만 종교 부산물 이론은 종교적 믿음 체계가 다른 적응적 인지 체계의 등에 업혀 있는 정도를 넘어서 마치 자율적으로 '자신의 이득'을 좇아 작동하는 것처럼 보이는 상황을 잘 설명하지 못한다는 문제가 있다.

종교를 밈meme으로 이해하는 사람들은 그러한 종교의 자율성을 설명하려 한다. 여기서 '밈'이란 『이기적 유전자 The Selfish Gene』에서 도킨스가 인간의 문화 현상을 설명하기 위해 사용한 용어로서 "memory 기억"나 "imitation 모방"의 "m"과 "gene 유전자"에서 따온 "eme"의 합성어다. "대물림 가능한 정보의 기본 단위", 혹은 "문화와 관련된 복제의 기본 단위"라는 의미를 갖는다. 도킨스와 데닛은 밈이 유전자와 마찬가지로 복제자의 한 사례라고 말한다.

도킨스는 종교적 믿음 체계가 주로 부모에서 자식으로 전달된다는 것에 주목한다. 어린아이들은 어른이 하는 말이면 대개 의심 없이 받아들인다. 언어와 사회적 관습 등을 배우고 익혀야 하는 아이들에게 "어른이 하는 말은 무엇이든 믿어라."라는 지침은 자연선택에 의해 아이들의 뇌 속에 장착되었을 것이다. 이것은 물론 효율적인 규칙이며 대체로 잘 작동한다. 하지만 도킨스는 그런 지침이 정신 바이러스가 침투할 수 있는 길을 열어 주고 있다고 본다. 이는 모든 입력을 올바른 것으로 받아들이는 컴퓨터 프로그램에 그만큼 바이러스가 치명적일 수밖에 없는 이치와 같다.

도킨스는 최근 『만들어진 신 The God Delusion』에서 유신론적 종교를 박멸해야 할 "정신 바이러스 virus of mind"라고 규정하고 인류가 하루빨리 "신이 있다는 망상"으로부터 벗어나야 한다고 주장했다. 그는 자신의 복제만을 위해 인간 숙주를 무차별 공격하는 감기 바이러스처럼 종교도 그 자체만을 위해 작동하는 정신 바이러스일 뿐이라며 새로운 유형의 과학적 무신론 운동을 시작했다.

한편 이 무신론 운동의 또 다른 축인 데닛은 도킨스의 밈 이론의 가장 강력한 옹호자임에도 불구하고 도킨스의 정신 바이러스 이론이 밈의 무법자적 측면만을 지나치게 강조했다고 비판한다. 그리고 그는 종교 밈을 "야생 밈wild-type meme"과 "길들여진 밈domesticated meme"으로 구분하고 현대의 고등 종교는 후자에 해당된다고 분석했다. 즉 현대의 고등 종교는 경전, 신학교, 교리 문답, 신학자 등과 같은 기구들이 없이는 존재할 수 없을 정도로 우리에게 길들여져 있는 밈이다.

하지만 종교 밈 이론에도 문제점은 있다. 예컨대 어떤 밈이 다른 밈들에 비해 더 선호되는 이유에 대해서는 만족스러운 설명이 없다. 밈의 자율성 측면을 더 잘 설명하려다 보니 밈의 제약성, 다시 말해 특정 유형의 밈을 선호하게 되는 인지적 편향은 제대로 설명하지 못하는 결과를 낳은 셈이다. 이런 이유 때문에 종교를 진화론적 관점에서 제대로 이해하기 위해서는 밈 이론뿐만 아니라 종교의 인지적 제약을 포착하는 부산물 이론을 동시에 고려해야 할지도 모른다.

물론 종교에 대한 이러한 과학적 논의들은 종교를 통해 삶의 의미와 재미를 느끼는 이들에게는 당혹스러운 얘기일 것이다. 한때 다윈이 그랬듯이 말이다. 하지만 종교를 자연과학적 탐구의 대상으로 삼으려는 최근의 이런 흐름은 '진화냐 창조냐'라는 해묵은 논쟁에 지치고 질려 버린 많은 이들에게 새로운 질문과 고민거리를 안겨 준다. 이것이 바로 '과학과 종교'의 최근 풍경이다.

다윈과 사회과학

박 만 준

부산대학교 철학과를 졸업하고 동 대학원에서 「욕망과 자유의 변증법」이라는 논문으로 철학박사학위를 받았다. 현재는 동의대학교 철학문화윤리학과 교수로 재직 중이다. 『대중문화와 문화 연구』, 『대중문화의 이해』, 『마르크스주의와 생태학』 등을 번역하였으며, 저서로는 『욕망과 자유』, 『늦잠 잔 토끼는 다시 뛰어야 한다』, 『사회생물학 인간의 본성을 말하다』(공저) 등이 있다.

진화론을 통해 사회과학이 나아가야 할 길

우리는 하나같이 우리 자신을 "사회적 존재"라고 말한다. 하지만 이 말이 우리 자신의 일상적 행동이나 생각을 설명하고 이해하는 데 얼마나 도움을 주고 있는 것일까? 마치 습관처럼 우리 자신을 사회적 존재라고 말하면서도 막상 이런 물음을 접하면 막연하기 짝이 없다. 왜 그럴까? 저 명제만으로는 우리의 사회적 행동이나 생각을 설명하거나 이해하는 데 엄청난 한계가 있다는 말이다. 인간을 말하는 교과서는 많지만 인간 조건이나 사회화 과정에 대한 합리적이고 과학적인 설명은 찾기가 쉽지 않다. 왜 우리는 사회적으로 행동하고 생각하는 것일까?

일반적으로 사람들은 사회과학에서 우리의 삶을 이해하고 미래를 통제할 지식을 기대한다. 그리고 우리가 특정한 행위 과정을 선택했을 때 사회적으로 어떤 일이 일어날 것인지를 예측하고자 한다. 사회과학은 그 예측 능력을 얻기 위해 노력해 왔으며 지금도 애쓰고 있다. 그렇다면 사회과학은 이런 일을 잘 해 나가고 있는 것일까? 적어도 우리의 문제의식에서 보면 별로 그렇지 않아 보인다. 에드워드 O. 윌슨이 지적했듯이 사회과학의 현재 지위는 의학과 비교해 보면 아주 선명해진다.

오늘날 의학은 유전적 결함을 바로잡고 암을 고치는 등 급속한 발전을 거듭하고 있다. 의학은 전 세계적으로 수많은 정보를 공유하며 전체 유기체에서 분자에 이르기까지 순차적인 생물 조직의 모든 수준들에 일관되게 적용되는 근본 원리를 사용하고 있다. 이에 비해 사회과학은 전혀 다른 길을 걷고 있다. 물론 사회과학에서도 약간의 진보가 있기는 하지만 매우 부진한 상황이다. 사회과학은 지식의 통합과 그 전망을 위해 노력하지 않으며 자연과학의 통일적 지식 체계의 개념을 일축한다. 그들은 독립된 칸막이에 자신만의 방을 만들어 놓고 각자의 방에서만 통하는 언어를 사용하며 자족해 왔다.

지난 몇 십 년간 사회과학은 자유방임형 자본주의에서부터 극단적인 사회주의에 이르기까지 그 이념적 지평이 매우 넓었으며, 객관적인 지식 자체를 문제 삼은 포스트모더니즘적 상대주의까지 등장했다. 제각기 나름대로의 대안을 제시하며 과학으로서 제몫을 다했다고 주장하지만 뭔가 미진하고 만족스럽지 못한 것은 문제의 근본에 대한 해명과 이해가 부족하기 때문일 것이다. 지금까지 사회과학은 인간의 본성과 사회성을 논하면서도 그 기원에 관해서는 거의 관심을 기울이지 않은 편이었다.

그래서 사회과학은 언제나 원점에서 다시 묻는다. 인간은 왜 사회적인가? 제도는 어떻게 진화하는가? 오늘날 사회과학의 현주소도 여기다. 토끼 같은 자연과학의 행보에 비하자면 그 더딘 걸음걸이는 마치 거북이와도 같다. 그래서 아직도 300여 년 전의 토머스 홉스Thomas Hobbes와 100년 전의 장 자크 루소를 불러와 사회계약을 논하고, 또 제한된 이데올로기를 중심으로 현실 사회를 분석하고 설명하지만 궁극적으로는 다시 원점으로 돌아와 똑같은 물음을 마주하게 된다.

다행히 1960년대 초반부터 학계를 주도하던 일군의 주도적인 분자생물학자, 동물행동학자, 사회생물학자들이 사회 이론을 생물학적 관점에서 바라보기 시작했으며 최근에는 인간을 진화와 유전 이론의 토대 위에서 연구하는 학문이 태동하여 큰 진전을 보이고 있다. 특히 콘라트 로렌츠Konrad Lorenz, 자크 모노Jacques Monod, 프랜시스 크릭Francis Crick, 에드워드 O. 윌슨 등은 대중적으로 널리 알려진 대표적인 과학자들이다. 이들은 단순히 인간 행동이나 특정한 사회 문제를 생물학적으로 다루는 데 그치지 않는다. 이들의 목표는 훨씬 야심차다. 인간의 삶과 역사를 자연의 언어로 바꾸어 번역함으로써 인간이라는 개념을 새롭게 규정하고, 더 나아가 이 새로운 인간 개념을 통해 삶의 문제들에 대한 우주적 지침을 찾으려고 한다.

콘라트 로렌츠가 시작한 동물행동학은 진화론적 관점에서 동물 행동의 생물학적 기초를 분석하고 동물 행동의 형성 과정에서 자연선택의 역할을 강조했다. 분자생물학은 DNA의 분자 구조와 기능을 밝히고 유전 암호를 해독하였으며 이의 도움으로 다윈 이론은 성공적인 완결의 길로 한 발짝 다가서게 되었다. 신경생리학의 발전은 뇌의 물리적 상태와 인간 행동 또는 인지 기능의 연결을 강화했고 인간행동유전학은 행동에 영향을 끼치는 다양한 변이를 발견했다. 조지 C. 윌리엄스George C. Williams와 윌리엄 D. 해밀턴William D. Hamilton의 연구는 동물의 사회 행동을 설명할 수 있는 개념적 도구를 제공했다.

이러한 배경 속에서 인간을 포함한 모든 생명체의 사회 조직과 사회적 행동의 생물학적 기초를 분석하고 체계적인 이론을 제시하고자 등장한 것이 사회생물학이다. 특히 윌슨의 기념비적인 저작 『사회생물학: 새로운 종합 Sociobiology: The New Synthesis』은 사회생물학의 이론적 핵심을 개념적으로 정립함과 아울러 인간 진화에 관한 새로운 정보를 집대성한 매우 인상적인 시도라고 할 수 있다.

생물학과 사회과학의 '새로운 종합'을 기약하고 있는 이 책은 동물들의 공동체 구조에 관해서 이미 알려진 지식들을 포괄적으로 망라하고, 나아가 생리학이나 생태학 등 생물학적 분과 학문의 도움을 받아 사회적 행동 양식의 인과적 설명 가능성을 타진하는 데 많은 부분을 할애하고 있다. 따라서 사회생물학은 동물의 행동을 총체적으로 탐구하며, 이를 통해 발견된 풍부한 자료들로부터 보편적 법칙을 찾아냄과 아울러 이들을 인과적으로 설명하려는 비교행동학의 범주로 볼 수도 있을 것이다. 다만 사회생물학은 동물 행동의 어떤 특수한 측면, 즉 '사회적 행동'을 중점적으로 다룬다는 점에서 특수성을 지닐 따름이다.

사회적 행동이란 무엇인가? 사회적 행동이란 '다른 모든 생물학적 반응과 마찬가지로 환경의 변화에 대응하기 위한 일련의 장치'를 말한다. 환경의 변화에 적응하는 일련의 장치들은 곧 진화의 산물이므로 동물의 사회적 행동 또한 진화의 과정을 통해 형성되어 왔다고 할 수 있다. 사회생물학이 그 이론적 근거를 진화론 혹은 진화생물학에 두고 있는 이유가 바로 여기에 있다.

윌슨의 『사회생물학』에 대한 일반 대중과 대중 매체의 환대는 그리 놀랄 만한 일은 아니었다. 이들은 그토록 고대하던 인간에 관한 교과서를 비로소 만난 것이라 생각하며 사회생물학을 인간 이해에 있어 획기적인 과학적 성과로 받아들였다. 그렇다면 '사회계약'이라는 역사적 허구를 대신하여 사회생물학이 우리에게 시사하는 바는 과연 무엇일까?

사회생물학은 인간에 대한 전통적 정의나 규정간으로는 사회적 존재로서 인간의 존재 방식이나 삶의 양식을 이해하는 데 뭔가 부족하다는 문제의식에서 출발한다. 따라서 인간의 사회성을 '원리적으로' 이해하고 설명할 수 있는 이론적 토대가 새롭게 마련되어야 한다. 윌슨은 사회생물학을 "모든 사회 행동의 생물학적 기초에 관해서 체계적으로 연구하는 학문"이라고 정의하면서, 인간의 사회적 진화를 포함한 모든 사회 진화의 국면들에 대한 통찰을 시도하고 있다.

사회란 무엇인가? 한 쌍의 생물이 단순한 성적 활동을 넘어서서 상호 협조하는 방식으로 교류할 때, 이것이 '사회' 혹은 '사회성'을 규정하는 기준이 된다. 그렇다면 인간을 포함한 동물 세계에서 이러한 사회성을 출현시키는 가장 근원적인 이유는 무엇일까? 이것이 바로 사회생물학이 품고 있는 핵심적인 문제의식이다. 이 물음에 대한 규명을 통해 사회생물학은 인간의 사회성이 출현하게 된 근원적인 이유를 원리적으로 밝히고 '우리가 왜 사회적인 행동을 하는지'를 설명하려 한다.

생물은 갖가지 생존 문제를 '다단계 대응 시스템'으로 해결하고 있다. 생물학적 차원에서 일어나는 이 모든 반응들은 상승하는 하나의 계층 구조를 이루고 있으므로 '다단계 대응 시스템'은 결국 '다단계 계층적 대응 시스템'이라고 할 수 있다. 아메바에서 인간에 이르는 여러 가지 종들은 이러한 계층적 반응의 길이와 반응 능력의 정도에 따라 여러 가지 진화적 단계로 분류될 수 있다. 윌슨은 편의상 이를 세 단계로 나누고 있다.

첫째는 최하위 단계로서 해면동물, 강장동물, 무체강의 편형동물, 그리고 단순하게 구성된 하등 무척추동물 등이 이에 속한다. 이들은 몇 가지 기본 기능을 수행하는 자동 제어 장치와도 같이 완전하게 본능에 따라 반사적 반응을 보인다. 둘째는 중간 단계로서 절지동물, 두족류, 냉혈척추동물, 조류 등이 이에 속한다. 이들의 행동은 최하위 단계의 생물처럼 일부는 정형화되어 있고 완전히 프로그램되어 있으나 환경의 특이성을 다루는 능력이 있다는 점에서 구별된다. 따라서 종에 따라서 일부 생물들은 어미와 서식 장소 등을 기억하기도 한다. 셋째로 최상위 단계의 생물들은 큰 뇌를 가지고 있어서 다양한 내용을 기억할 수 있다. 사회성 혹은 사회화 과정에 대한 논의는 대체로 이 마지막 단계와 관련이 있다. 그러나 이 단계에서 이루어지는 사회화 과정은 매우 길고 복잡하다. 그리고 그 과정의 상세한 내용들은 심지어 개체들 사이에도 차이가 있다. 하지만 이들에게 공통된 것은 세계에 대한 하나의 적응 형태로서 사회적 행동을 보이고 있다는 점이다. 이러한 적응 형태는 진화적 시간의 흐름에서 본다면 앞서 살펴본 계층들을 거쳐 학습, 놀이, 그리고 사회화로 진행되어 간다. 그렇다면 이들에게 사회화가 어째서 생존 환경에 대한 대응 시스템으로서 작동할 수 있었을까? 진화가 동물의 사회적 행동에 어떤 영향을 미친 것일까?

동물들의 사회성은 상호 간의 반응을 바탕으로 형성되며, 그것이 서로에게 끼치는 영향은 단순한 친화親和가 아니다. 동물들이 사회를 이루는 것은 보다 더 긴밀한 협동을 하거나 무엇인가를 함께하기 위한 전조이다. 예컨대 참새는 먹이를 발견하면 자기가 속한 무리의 동료들과 함께 나누어 먹는다. 참새뿐만이 아니다. 공동의 수렵이나 식사는 조류의 세계에서는 일반적인 행동 습관이다. 함께함으로써 이들은 생존을 위한 엄청난 힘을 얻고 있다. 염소나 사슴도 낚아챌 정도의 날카로운 발톱과 억센 다리를 가진 독수리조차도 그에 비하면 무력하기 짝이 없는 솔개 떼 앞에서는 먹이를 포기하지 않을 수 없다. 솔개 무리들은 독수리가 좋은 노획물을 가지고 있으면 반드시 추적하여 탈취한다. 하지만 그렇게 해서 빼앗은 먹이를 둘러싸고 저희들끼리 싸우는 법은 없다. 몸길이가 20센티미터도 채 못 되는 유럽할미새는 솔개 떼보다 더 감동적이다. 말똥가리나 사냥매는 덩치로 보나 힘으로 보나 할미새와 비교도 안 될 정도지만 할미새들은 무리 지어 이들의 공격을 막아 낼 뿐만 아니라 때론 이들 맹금류를 도리어 공격하기도 한다.

    자연선택은 각각의 생물이 처한 환경 조건에 잘 적응하도록 조용히 그리고 눈에 띄지 않게 작용한다. 자연선택은 나쁜 것은 버리고 좋은 것은 보존하고 보충하며 어떤 시기든 그 시기에 유익한 변이를 누적시킴으로써 생물들을 변화시켜 나간다. 함께 무리 지어 생활하며 사냥을 하고 먹이를 먹고 자식을 기르는 것이 개별 개체의 생존과 번식에 커다란 이익을 안겨 주었기 때문에 사회성 동물에서 사회성이 진화할 수 있었다. 사회적 행동은 주어진 환경에 대한 최상의 '대응 시스템'이며 사회성은 자연선택의 산물인 것이다.

이런 점에서 본다면 인간은 인간이기 이전부터 이미 사회적 존재일 수밖에 없었다. 수백만 년 전, 반은 사람이고 반은 유인원인 생물오스트랄로피테쿠스 아프리카누스(*Australopithecus africanus*)이 오늘날 우리와 가장 가까운 유인원 친척인 고릴라나 침팬지와 유사하게 집단생활을 했다는 사실이 고생물학적 증거들을 통해 밝혀졌다. 또한 진정한 의미의 최초의 인간이라고 할 수 있는 호모 하빌리스*Homo habilis*를 거쳐 호모 에렉투스*Homo erectus*, 그리고 현생 인류의 직접 조상인 호모 사피엔스*Homo sapiens*로 진화해 가는 중에도 인간은 사회적 존재로 남았다.

물론 사회적으로 산다는 것은 한두 마디로 설명할 수 있는 단순한 사실이 아니다. 그것은 소름이 끼칠 정도의 온갖 고난과 인간으로부터 인간성사회성을 앗아 가려는 무지막지한 시련들을 견뎌 낸 진화의 산물이며, 수없이 많은 인간미 넘치는 행동들을 통해 생존자들은 사회 조직을 유지할 수 있었다. 하지만 그것이 언제까지 유지될지에 대해서는 낙관하기 힘들다. 사회생물학적 입장에서 현대 사회는 심각한 위기에 처해 있으며 인류가 자신의 존립에 관해 생각을 근본적으로 바꾸어야 할 만큼 사태는 절박하다.

사회생물학이 전하는 메시지는 다음과 같다. 인간의 바이오그램*biogram*과 현대 사회의 문화적 환경은 서로 위험하리만치 유리되어 있다. 앞으로 인류의 생존 여부는 이러한 인간의 생물학적 기반과 문화적 기반 간의 간극을 회복시킬 수 있도록 인간의 본성과 윤리, 사회에 어떠한 변화를 줄 수 있는가에 달려 있다.

우리가 아는 한 지구는 태양계에서 생명을 유지할 수 있는 유일한 서식지이다. 현재의 기술과 소비 수준을 유지하면서 전체 인류의 생활 수준을 선진국 수준으로 끌어 올리려면 지구와 같은 행성 두 개가 더 필요하다고 한다. 우리의 유전적 본성을 포기하고 마치 신이나 된 것처럼 착각하고 오래된 진화의 유산을 방기해 버린다면 우리의 미래는 장담하기 힘들 것이다. 생물학적 궤도를 이탈하여 우리가 살아남을 길은 없다.

다윈과 심리학

김 상 인

서울대학교 인류학과에서 생돌인류학으로 석사학위를 받았으며 현재 미국 캘리포니아대학교 샌타바버라캠퍼스에서 인류학을 전공하고 있다. 『다윈의 대답 2: 왜 인간은 농부가 되었는가』를 번역하였다.

인간, 자신의 디자인에 대해 묻다

김상인

심리학

지구상에 존재하는 어떤 시스템도 유기체든 기계든 있는 그대로의 외부 환경을 완벽하게 인식하고 처리하지는 못한다. 우리 인간의 인지 시스템도 예외는 아니어서 세상에 대한 '환상 illusion' 혹은 재구성된 세계를 '표상 represent'할 수 있을 뿐이다. 어떤 '환상' 속에서 사는가는 그 시스템의 인지 구조, 즉 외부 환경에서 정보를 입수하여 처리하는 방식에 따라 결정되기 때문에 서로 다른 인지 구조를 가지고 있는 생물들은 저마다 다른 '환상' 속에서 살고 있다. 인간의 '환상'은 인간의 인지 구조와 실제 세계 간 상호 작용의 결과이며 심리학은 이러한 상호 작용을 이해하고자 하는 학문이다.

잘못된 관점들

생물 시스템의 기본 존재 및 작동 방식인 이러한 상호 작용을 고려하지 않은 채 인간의 마음과 행동, 사회를 설명하려 했던 과거의 많은 시도들은 인간을 비롯한 생명 현상에 대해 왜곡된 관점을 제공함으로써 오히려 더 많은 오해를 낳았다. 그러한 접근의 예로는 사회, 문화, 교육 등으로 표현되는 외부 환경이 인간의 존재 방식과 사고 과정을 결정한다는 관점, 또는 그와 반대로 인간의 생태 환경 특성과는 동떨어진 인위적인 자극과 상황들에 반응하는 인간 심리의 '신기한 현상'들을 통해 인간의 마음을 이해하려는 관점 등을 들 수 있다. 사실, 우리에게 당연하고 별반 신기할 게 없는 것들이 우리 본성의 핵심을 이룬다. 물고기의 존재와 본성을 규정하는 '물'과 '헤엄'이 물고기들에게는 아마도 가장 당연한, 관심 밖의 현상인 것처럼 말이다.

인간 행동이나 사회 현상의 한 측면이 본성에 의한 것이냐 혹은 사회적으로 습득된 것이냐 하는 뿌리 깊은 질문도 실제 인간과 외부 환경의 관계를 정확히 반영한 것이 아닌 인간의 세계관/생명관이 빚어낸 인위적인 이분법에 불과하다.

생물학/심리학

동식물과 세균에 이르는 모든 생물의 유전자는 해당 생물 시스템의 물리적/인지적 디자인뿐만 아니라 그 디자인이 구현된 개별 생물이 살게 될 외부 환경에 대한 정보도 담고 있다. 가령 새의 날개 디자인을 담고 있는 유전자는 동시에 날개가 사용될 환경에 대한 정보_{지구의 중력, 공기 역학, 비행 고도, 속도 및 거리 등}를 담고 있으며 인간의 언어 디자인을 담고 있는 유전자는 동시에 언어가 사용될 환경에 대한 정보_{공기를 통한 음성 전달, 지역에 따라 다른 언어 사용, 전 세계 언어의 촘스키적 보편 문법, 발달 초기 모국어에 대한 집중적 노출 등}를 담고 있다. 따라서 새의 비행이나 인간 언어가 타고난 것이냐 습득된 것이냐 하는 물음은 무의미하며, 생물 시스템의 디자인에 대한 연구로서의 생물학/심리학은 그 디자인이 구현된 개별 생물과 생물이 살아가는 환경에 대한 연구를 포함한다. 달에서 운행될 자동차를 디자인하기 위해서는 달의 표면과 대기에 대한 정보가 반드시 필요한 것과 같은 이치이다.

변화의 원리

진화심리학은 생물 시스템, 특히 인간의 인지 디자인에 대한 연구이며 따라서 인간의 생태적/사회적/문화적 환경에 대한 연구를 포함한다. 여기서 인간뿐만 아니라 다른 생물 시스템의 인지 디자인도 함께 연구 대상이 되는 이유는 우리가 알고 있는 한 지금까지 지구상에 존재한 모든 생물 시스템의 인지 디자인은 하나의 디자인의 변형이기 때문이다.

환경과의 상호 작용 속에서 저마다 조금씩 다른 디자인을 구현한 생물 개체들은 어떤 유전자_{즉, 디자인 정보}가 다음 세대로 전달될 것인지에 영향을 미친다. 수천, 수만 세대에 걸친 무작위적인 전달 과정에서 일관되게 다음 세대로 전달되는 것은 복잡하고 불규칙한 생태적 환경의 확률적인 규칙성에 대응하는 생물 개체를 만들어 내는 디자인이다. 세대 간에 일어나는 이러한 분자 수준의 기계적인 전달 과정에는 인간을 포함한 개별 생물들이 부여할 수 있는 어떤 가치를 향한 방향성도 없다. 따라서 "적자생존"이나 "약육강식", "생존경쟁" 등의 표현은 세대 간 유전자 빈도의 변화 과정을 인간적으로 흥미 있게 묘사하는 장점은 있을지 모르나 DNA 분자들에 의한 기계적인 디자인 전달 과정을 왜곡 없이 정확하게 설명하지는 않으며, 게다가 그 디자인을 구현하고 있는 개개 생명체의 심리를 설명하는 것도 아니다.

문제와 열쇠

인지 구조와 세상의 관계는 열쇠와 자물통의 관계와 비슷하다. 생물 시스템에 있어서 세상^{혹은 삶}은 풀어야 할 많은 다양한 '문제'들의 집합이며 그들의 인지 체계는 그 문제들을 완벽하지는 않지만 나름대로의 방식으로 풀어 왔던 꽤 쓸 만한 '열쇠'들의 집합이다. 어떤 식으로 존재하는가는 어떤 종류의 '열쇠'를 가지고 있는가에 달려 있다.

인간은 비슷한 '열쇠'를 가진 시스템들로 정의할 수 있다. 생물 시스템의 인지 디자인이 '문제'들을 푸는 방식 가운데 하나는 그 디자인이 구현된 생명체로 하여금 특정 상태의 경험을 도모 혹은 회피하도록 하는 것이다. 가령, 배고픔을 피하고 맛있는 음식을 경험하고자 하는 생명체는 스스로는 알지도 못하는 사이에 '영양 공급의 문제'를 풀게 되며, 양심의 가책을 피하고 선행을 베푼 후 만족감을 경험하고자 하는 생명체는 자신도 모르게 '사회적 지지와 생존의 문제'를 풀게 되는 것이다.

디자인을 구현하고 있는 각각의 생명체들은 대부분 자신이 풀고 있는 '문제'와 그 '해결책'의 존재 및 작동에 관해서는 알지 못하며 그저 어떤 경험이 좋거나 싫다는 것만을 알고 있을 뿐이다. 하지만 우리 마음이 이러한 문제들을 풀기 위해서나 어떤 경험을 하기 위해서 실제 처리해야 하는 정보의 양과 처리 과정의 복잡함은 우리 인간의 상상과 현대 과학의 한계를 초월한다. 이러한 정보의 형식과 과정을 설명하고자 하는 진화심리학은 인간의 두뇌가 풀어야 하는 '문제'들을 연구의 출발점으로 삼는 인지과학의 한 형태라 볼 수 있다.

따라서 인간 심리에 대한 진화심리학적 설명은 외부 환경에서 추출된 정보가 어떤 형태와 방식으로 처리되는지를 설명하는 것이다. 어떤 단서를 통해 중요한 '문제' 상황을 인식하는지, 정보를 어떻게 분류하고 어떤 형태로 저장하는지, 어떤 추론 과정을 거치는지, 가공되어 저장된 정보들에 어떻게 접근하는지 등. 진화 과거에 어떤 '문제'가 중요했으므로 인간이 어떤 '해결책'을 가질 것이라는 가설의 제시나 이에 대한 증명만으로는 진화심리학적 설명이 완전하게 이루어졌다고 보기 어렵다. 선택압과 적응적 행동 사이를 연결하는 인지 구조의 디자인에 관한 설명 또한 필요하다.

자신을 아는 어려움

당연하지만, 자신의 인지 구조을 이해하기 위한 도구로서의 인간 의 인지 구조은 아주 열악하다. 우리 마음이 만들어 내는 '환상' 너머 실제 세계에서 무슨 일이 일어나고 있는지, 그리고 우리의 인지 구조를 만들고 변화시키는 세상의 원리가 무엇인지 알아내는 일은 쉽지 않다. 우리의 인지 구조와 실제 세계의 관계에 대해 "왜?"라는 궁극적인 질문의 끈을 놓지 않고 끈질기게 따라가다 보면 어느새 생물의 경계를 넘어 물질의 영역을 걷고 있는 자신을 발견하게 될 것이다. 그러나 "환원주의"에 놀라 뒤돌아 나오는 우를 범할 필요는 없다.

생물/물질을 포함한 모든 '분류categorization'는 우리의 인지 구조가 세상을 이해하는 방식, 즉 우리 마음이 만들어 내는 '환상'일 뿐 실제 세상이 그렇게 구분되어 있는 것은 아니다. 그것은 실제 지구상에는 존재하지 않지만 지도상에는 존재하는 국경선과 같은 것이다.결국 뇌와 지도는 모두 세상(represented)을 표상(representing)하는 표상 체계(representation system)이다.

우리 자신을 알기 위한 노력에서 또 다른 커다란 걸림돌 가운데 하나는 우리 자신과 타인을 포함한 인간에 대한 이미지 역시 우리가 만들어 낸 '환상'의 일부라는 점이다. 인간의 본성과 마음에 대한 물음의 기나긴 역사는 곧 인간에 대한 '환상'의 기나긴 역사이다. 인간자신을 포함한을 어떻게 정의하고 처리할 것인가 하는 문제는 우리의 인지 구조가 가장 치열하게 대응하고 있는 실제 세계의 일면이기 때문에 우리 마음이 만들어 내는 인간에 대한 '환상' 역시 가장 세밀하고 정교하게 조직되어 있다. 이러한 점 때문에 많은 사람들에게 있어 자신이 믿고 있는 '환상'을 거스르는 인간에 대한 과학적인 설명은 옳고 그름의 문제보다는 좋고 싫음의 문제로 계속 남아 있을 가능성이 적지 않다.

다원과 법학

윤진수

서울대학교 법과대학을 졸업하고 동 대학원에서 박사학위를 받았다. 수원지방법원 부장판사를 거쳐 현재 서울대학교 법학전문대학원 교수 겸 법과대학 교수로 재직하고 있다. 비교사법학회와 법경제학회 회장을 지냈으며 지금은 가족법학회와 민사판례연구회 회장을 지내고 있다.

좌정원

서울대학교 법과대학을 졸업하고 서울대학교 인류학과에서 석사과정을 수료한 후 미국 밴더빌트대학교 법학전문대학원 J. D. 과정에 재학 중이다.

법학이 다윈을 받아들인다면

윤진수 • 좌정원

다윈의 진화론과 법의 관계는 몇 가지 측면에서 살펴볼 수 있다. 우선 미국에서는 진화론과 창조과학의 대립이 재판에서 여러 번 다투어졌다. 과거에는 학교에서 진화론을 가르치는 것을 금지하는 주州도 있었고, 그에 위반하여 처벌받은 사례도 있었다. 가장 유명한 예는 '원숭이 재판Monkey Trial'이라고 불리는 테네시 주의 1925년 판결이다. 당시 테네시에서는 주의 재정 지원을 받는 어떠한 교육 기관에서도 진화론을 가르치는 것을 금지하는 이른바 버틀러 법Butler law이 통과되었다. 고등학교 생물 교사였던 존 스코프스John Scopes는 진화론을 강의했다는 이유로 기소되었는데, 이 법에 반대하던 단체인 미국시민자유연합American Civil Liberties Union; ACLU은 스코프스를 지원함으로써 진화론 교육을 금지하는 것은 위헌이라는 법원의 판결을 이끌어 내고자 했다. 그러나 스코프스는 유죄 판결을 받고 100달러의 벌금형에 처해졌고, 이 판결은 이후 다른 주들에서 버틀러 법과 유사한 반진화론 법이 제정되는 데 많은 영향을 미치게 된다.

그러나 1980년대에 이르러서는 형세가 바뀌어 학교에서 창조과학을 가르칠 수 있는가가 문제가 되었다. 미국의 몇 개 주에서는 창조과학을 의무적으로 가르치도록 하는 법률을 만들었다. 한 예로, 루이지애나 주에서는 창조론과 진화론 중 하나만을 가르칠 것을 강요하지는 않으나, 진화론을 강의하는 경우에는 반드시 창조론도 함께 가르쳐야 한다는 법을 제정하였다. 그러자 진화론자들은 창조과학은 과학이 아니라 종교이므로 이 법은 종교의 자유를 침해한다고 주장하였다. 결국 미국 연방대법원은 1987년에 창조과학은 종교에 가까우므로 학교에서 창조과학을 가르칠 것을 강제하는 루이지애나 주법은 위헌이라는 판결을 내렸다. 이 과정에서 72명의 노벨상 수상자들과 각종 과학 단체들이 이 법에 반대하는 의견서를 제출하기도 했다. 또한 저명한 진화생물학자인 스티븐 제이 굴드Stephen J. Gould는 진화의 과정은 이미 과학적으로 입증된 것인 반면, 창조론은 과학적 검증에서 자유로운 영역으로 성경 창세기의 단순한 반복에 불과하다고 주장하면서 이 법이 합헌이라는 의견을 제시한 대법관들을 비판하기도 하였다. 그러나 이러한 예를 가지고 진화론이 종교를 완전히 부정한다고 단정 지을 필요는 없다. 상당수의 학자들은 기독교와 같은 종교와 진화론이 양립할 수 있음을 인정하고 있다. 굴드도 여기에 속한다.

지금까지 살펴본 것은 법이 진화론에 대하여 하는 이야기라고 할 수 있다. 그렇다면 거꾸로 진화론은 법에 대하여 어떤 메시지를 던져 주는가? 이와 관련된 한 가지 주장은 법 자체가 진화한다는 것이다. 영국의 법학자 헨리 메인Henry Maine은 법이 신분에서 계약으로 발전한다고 보았고, 근래 일부 법경제학자들은 법이 경제적으로 효율적인 방향으로 진화한다고 주장하였다. 그러나 이러한 주장은 "반드시 실제에 부합하지 않는다."는 이유로 점점 설득력을 잃어 가고 있다. 이는 사회 제도의 변화를 유기체의 진화 과정에 '유추'하여 설명하고자 하는 것으로, 법이 진화하는 메커니즘을 제대로 설명하지 못하고 있다.

    그렇지만 진화론에 기초한 진화심리학은 인간 행동의 기저에 놓인 심리적 기제들의 기원을 밝힘으로써, 그 행동을 규제하는 법의 형태와 기능을 이해하는 데 도움을 줄 수 있다. 진화심리학은 현재 사람들이 지니고 있는 심리적인 특성들이 진화 과정에서 인류 조상들의 생존과 번식을 좌우한 여러 현실적이고 구체적인 문제들을 잘 해결할 수 있도록 자연선택을 통해 만들어진 것이라고 본다. 이에 따르면, 이러한 심리적 특성 혹은 본성들이 인간의 법 제도 형성에도 일정 부분 영향을 미쳤을 것이라고 예측해 볼 수 있다. 지금까지는 한 국가의 법이 그 국가의 고유한 정치적, 사회적, 문화적 과정의 산물이라는 시각이나, 효율성을 극대화하는 것을 목표로 하는 경제적 고려의 결과라는 시각 등이 주류를 이루어 왔다. 그러나 진화심리학은 왜 인간이 특정한 행위에 대해 호불호의 심리적 성향 혹은 규범적 선호를 가지게 되었는가를 설명해 줌으로써, 인간 사회가 보편적으로 그러한 행위를 규제하거나 장려하는 법을 갖게 된 배경을 새로운 방식으로 이해할 수 있게 해 준다.

    예를 들면, 가족법은 친족親族 간에는 사람들이 이타적으로 행동한다는 것을 전제로 하고 있다. 민법은 친권자는 자녀를 보호하고 양육할 권리 의무가 있고, 또 유언이 없는 법정상속法定相續의 경우에는 혈족과 배우자가 재산을 상속한다고 규정하고 있다. 친족 간의 이타적 성향을 기반으로 하고 있는 이러한 법률은 진화심리학의 관점에서 이치에 맞다. 진화심리학에서는 자신과 공통된 유전자를 지닌 사람에게 도움을 주면 그 유전자가 후대에 전해질 확률이 높아지기 때문에 이타적 성향이 진화하게 되었다고 본다. 이와 같은 혈연관계에서의 이타주의의 진화를 혈연선택kin selection이라 부르기도 한다.

다른 한편, 사람들이 범죄자의 처벌을 요구하는 것에도 진화적인 근거가 있다는 주장이 있다. 행동경제학에서는 인간의 실제 행동을 연구하기 위한 도구로 '최후통첩 게임ultimatum game'이라는 실험을 한다. 이 게임에서는 실험자가 A에게 예컨대 돈 10만 원을 주고, A로 하여금 그중 일부를 B에게 주도록 한다. B는 A가 주는 금액을 거부할 수 있는데, 그러면 A와 B 모두 한 푼도 받지 못한다. 단순하게 생각하면 A가 B에게 단지 1,000원을 주더라도 B가 이를 받는 것이 거부하여 한 푼도 받지 못하게 되는 것보다 유리하다. 그러나 여러 문화권에서 실험을 해 본 결과, 보편적으로 A가 제시하는 돈이 어느 정도 금액, 대략 2만 원 미만이면 B는 자신에게 손해가 됨에도 불구하고 이를 거부한다. 이는 사람들이 자신의 이익을 극대화하기 위해 행동한다는 경제학의 합리적 선택 이론rational choice theory으로는 설명되지 않는다. B의 입장에서는 너무 적은 액수를 받는 것은 공정하지 못하므로 손해를 감수하고서라도 A를 처벌하고자 하는 것이다.

진화심리학에서는 이러한 현상을 다음과 같이 설명한다. 인류의 진화 과정에서 공동체가 유지되기 위해서는 공동체 구성원 간에 서로 도움을 주고받을 필요가 있었다. 이를 호혜적 이타주의reciprocal altruism라고 부른다. 그런데 다른 사람의 도움만 받고 자신은 남을 돕지 않으려는 무임승차자 내지 사기꾼에 대해서는 단기적으로는 본인이 손해를 보더라도 처벌을 해야만 한다는 본능이 형성되었고, 이것이 장기적으로 각 개체의 생존과 번식에 도움이 되었다는 것이다.

지금까지 범죄자에 대한 처벌이 정당화될 수 있는 근거로 두 가지 견해가 주장되어 왔다. 하나는 "처벌이 범죄를 예방하는 데 도움이 된다."는 합리성에 입각한 설명이고, 다른 하나는 "설령 처벌이 범죄를 예방하지 못하더라도, 범죄를 저지른 사람은 그 죄에 대한 대가를 치러야 한다."는 응보應報적인 관점에서의 설명이다. 진화심리학의 관점에서 본다면 최후통첩 게임에서 나타나는 결과는 후자를 뒷받침하는 것이라고 볼 수 있다. 많은 사람이 사형이 살인을 예방하는가와 관계없이 살인자는 사형에 처해야 한다는 반응을 보이는 것도 '나쁜 짓'을 한 사람은 대가를 치러야 한다는 본능적인 믿음을 가지고 있기 때문이다.

하지만 우리 인간이 진화의 과정을 통해 형성된 본능을 가지고 있다고 해서 "이러한 본능에 따르는 법이 곧 정당한 법이다."라는 결론이 도출되는 것은 아니며, 살인자는 사형에 처해야 한다는 응보론적 주장이 항상 타당한 것은 아니다. 한 예로 진화심리학에서는 일반적으로 어머니의 자녀 양육에 대한 기여가 아버지의 그것보다 큰 이유 중 하나를 부성父性 불확실성 paternal uncertainty에서 찾는다. 어머니는 출산의 과정을 통해 아이가 자신과 유전적으로 공통성을 가진다는 것을, 즉 제 자식임을 100퍼센트 확신할 수 있는 반면 아버지는 그 아이가 자신의 친자식인지를 확신할 수 없기 때문에 충분한 애정을 쏟지 않는다는 것이다.

이처럼 모정이 부정보다 강하다는 사실로부터 과연 필연적으로 어떤 법률적 결론을 이끌어 낼 수 있는 것일까? 지난 2005년 말 헌법재판소는 이른바 부성주의父姓主義의 원칙, 즉 자녀는 아버지의 성과 본을 따라야만 한다는 종전의 민법 제781조 제1항 본문이 헌법에 합치되지 않는다는 헌법 불합치 결정을 선고하였다. 그런데 이 판결에서 권 성 재판관은 부성주의 문화의 합리성을 강조하면서 위 결정에 대한 반대 의견을 제시하였다. 그에 따르면 어머니와의 혈통 관계와 달리 아버지와의 혈통 관계는 대부분 추정에 근거하여 인식될 뿐이므로, 자녀의 아버지가 누구인가를 사회가 인식하게 하고, 또한 사회로부터 인정받게 하는 대외적 공시의 필요성이 대두되었고, 그 결과 등장한 인류의 문화적 발명의 하나가 바로 부성주의라는 것이다. 또한 모자 관계에 비해 상대적으로 소원하거나 결속력이 약할 수 있는 부자 관계가 자녀가 아버지의 성을 사용함으로써 그 일체감과 유대감을 자연히 강화시킬 수 있으므로 부성주의 나름대로 충분히 합리성을 갖추고 있다고 했다. 이는 말하자면 부성주의가 부성의 불확실성을 보상하는 기능을 한다는 것으로 이해될 수 있다.

그러나 부성주의의 근원이 부성 불확실성에서 유래했다고 해서 부성주의가 정당화된다고 할 수는 없으며, 이는 가부장제의 경우에도 마찬가지이다. 이처럼 부성의 불확실성이라는 사실에 근거하여 부계혈통주의라는 제도 내지 규범이 정당화된다고 하는 주장은 사실로부터 규범을 이끌어 낼 수 있다고 믿는 '자연주의적 오류naturalistic fallacy'에 속한다. 또한 현대의 인간은 인간의 심리가 형성된 환경인 수렵-채집을 영위하는 소규모 공동체 사회에서 살아가고 있지 않으므로, 진화의 역사를 거치며 형성된 인간의 본능이 반드시 현대 사회에서의 인간의 생존에 도움을 주는 것은 아니다. 과연 오늘날에도 부성주의가 부성의 불확실성을 보상하는 기능을 할까?

하지만 진화론은 "인간의 진화적 본능을 거스르는 법은 효율적이지 못하다."는 교훈을 준다. 진화심리학적 지식을 법에 응용하려는 학자 중 한 사람인 오언 존스Owen Jones는 이를 설명하기 위해 "법의 지레 작용에 관한 법칙law of law's leverage"을 제시하였다. 이 법칙에 의하면, "특정한 행동의 빈도를 감소시키거나 증가시키기 위하여 필요한 법적 개입의 강도는 그러한 행동에 기여하는 심리적 특성이 과거의 환경에서 평균적으로 그러한 특성을 가지고 있는 사람에게 적응적이었던 정도와 적극적 또는 소극적으로 상관관계에 있다." 다시 말해, 법이 인간의 행동을 과거 조상들의 환경에서 번식 성공을 증진시켰던 방향으로 변경하고자 한다면 비용이 덜 드는 반면, 그와 반대 방향으로 변경하고자 할 때에는 비용이 많이 든다는 것이다.

예컨대 현대 사회에서 재산 상속을 허용하지 않는 것은 현실적으로 불가능하다. 러시아 혁명 후 구소련의 공산당은 상속 제도를 폐지했지만 불과 4년 만에 다시 부활시키지 않을 수 없었다. 그리고 우리 나라에서 1980년 이래의 과외 금지 조치가 결국 유지될 수 없었던 것도 이러한 관점에서 이해할 수 있다. 부모가 자녀에게 재산을 물려주고, 자녀의 교육을 위해 투자하는 것은 자녀로 하여금 생존과 번식을 위한 전쟁에서 유리한 위치를 차지하게끔 하는, 진화심리학적으로 보아 매우 적응적인 현상이다. 따라서 이에 대한 강력한 욕구가 존재하는 상황에서 법으로 이를 막는다는 것은 실효성을 기대하기 어려운 일이다.

  앞으로 진화심리학을 통해 인간의 심리가 해명되면 될수록, 우리는 어떠한 행동이 인간 본성에 깊이 뿌리박고 있어 바꾸기 어려운가를 알 수 있게 될 것이다. 그리고 이는 우리가 희망하는 사회 변화를 가져오는 데 얼마나 많은 비용과 노력이 들 것인지를 파악할 수 있게 해 줌으로써 그 변화를 성취하기 위한 보다 효과적인 법 제도를 마련하는 데 큰 도움을 줄 수 있을 것이다.

다원과 정치학

전 재 성

서울대학교 외교학과를 졸업하고 동 대학원에서 석사학위를 받은 후 미국 노스웨스턴 대학교에서 정치학으로 박사학위를 받았다. 숙명여자대학교 정치행정학부 정치외교학과 교수를 거쳐 현재는 서울대학교 외교학과 교수로 재직 중이다. 『한국의 동아시아 미래전략』(공저), 『한반도 통일 환경과 평화 통일의 조건』(공저) 등을 저술하였다.

정치학, 유전자와의 공진화를 꿈꾸다

전재성

　에드워드 O. 윌슨의 역작 『통섭Consilience』을 보면, 사회과학의 실태를 논하면서 의학과 비교하는 구절이 나온다. 의학과 사회과학은 모두 사람의 생명을 살리는 중차대한 학문이면서도, 의학은 자연과학의 성취를 편견 없이 수용하는데 반해, 사회과학은 자기 안에 갇혀 있다는 것이다. 절박하지만, 절박한 만큼 모색의 범위를 넓히지 않는 사회과학에 대한 윌슨의 비판이 담겨 있는 부분이다.

　윌슨의 말처럼, 사회과학, 특히 정치학은 인간의 삶과 죽음을 다루고, 이를 결정하는 권력의 문제를 주요 분석 대상으로 삼는다. 인간이 왜 자신의 이익과 행복을 위해 타인을 살해하고, 권력을 증대시키며, 나와 남의 편을 가르고, 그러한 가운데서도 정치 질서를 창출하고, 제도를 만드는지를 다루는 학문이 정치학이다. 고래로 정치학자들은 권력을 둘러싼 인간들의 행위를 분석하기 위하여 인간 역사를 되돌아보기도 하고, 인간의 본성을 관찰하거나 내성內省하기도 하였다. 인간의 본성과 정치적 행등에 대한 많은 가정 위에 사회적, 정치적 사실에 대한 지식을 쌓고자 하였으나, 체계의 토대에 해당하는 인간 본성에 대한 불변의 진리에 공감대를 마련할 수 없었다.

진화생물학은 인간의 본성, 특히 정치적 본성에 관한 불변의 진리를 제공해 주는 듯이 보인다. 현재의 인간 종이 살아남기 위해 벌여 왔던 생존과 번식 행위의 드라마가 인간의 뇌 속에 각인되어, 현재의 정치적 행위의 원동력이 되었다고 논의하는 것이다. 사실, 정치학자들도 인간의 정치적 행위의 본성을 파악하기 위해, 자연과 동물의 비유를 빈번히 사용하였다. 인간에게서 인간적 문명의 흔적을 지우고, 동물적 상황에서 정치학의 제1명제를 도출하기 위하여, "자연 상태"에서의 인간이라든가, "정글 속의 만인의 만인에 대한 투쟁 상태"를 상정하는 철학적 소설을 시도한 것이다. 장 자크 루소, 토머스 홉스 등의 경우. 이러한 상상 위에 정치질서론과 민주주의론이 만들어지고, 집단 간의 무정부 상태적 폭력장을 상정하여 근대 국제정치학의 기초가 만들어진 것이다.

진화생물학은 이러한 상상에 과학적 근거를 제시한다. 사회생물학의 논의처럼, 인간은 "유전적 역사가 부과한 의무를 초월하는 다른 어떠한 목적도 가질 수 없는" 생물적 토대에 기반하고 있다. 따라서 인간들이 접해 온 "환경이나 자신의 분자 구조가 자동으로 지시하는 진화의 방향을 넘어선 그 어떠한 내재적 목적이나, 관리자가 내려 보내는 지침 따위를 가질 수 없는" 것이 사실이다.[1] 인간은 처음에는 자원의 희소성에 의해 규정되는 자연 환경 속에서 다른 종과 경쟁하며 생

---

[1] 에드워드 윌슨, 이한음 옮김 『인간 본성에 대하여(On Human Nature)』(사이언스 북스, 2000), 24~25쪽.

존과 번식을 추구하였고, 이후 인간 종 내에서 좀 더 확실하고 풍부한 생존과 번식도를 유지하기 위하여 또한 경쟁하였다. 그 과정에서 권력과 지위, 자신의 생존 범위를 확보하려는 생물학적 필요성이 안착되고, 이러한 적응 과정에 성공한 유전자가 이후의 세대에 유전되었다.

따라서 현재 인간이 가지고 있는 정치적 본능과 정치적 행위의 형태는 의심하거나 부정할 수 없는 무한한 역사를 가지고 있으며, 그러한 본능이 있었기에 지금까지 인간이 생존할 수 있었던 것으로 보아야 한다. 윌슨은 정치학의 핵심적 개념들에 관해 사회생물학적 통찰을 보여 준다. 예컨대, 인간 사회에서의 "지위"의 중요성은 진화생물학적 토대를 가진다. 즉, 전통 사회에서 개인의 유전적 적응도는 대체로 신분과 상관관계를 맺고 있고, 특히 부족 사회와 전제 국가의 경우, 우위에 있는 남성이 다수의 여성에 손쉽게 접근할 수 있으며, 많은 자손들을 생산해 낼 수 있기에 지위는 매우 심오한 생물학적 기반을 가진 개념이라는 것이다.[2] 집단 내에서의 정치학을 넘어 집단 간의 정치학에서도 진화생물학은 단단한 토대를 제공해 준다. 일례로 "세력 확장"과 "방어"의 개념을 보면, 이들은 생존과 번식 잠재력의 기준에서 더할 수 없이 중요한 개념이라 할 수 있다. 윌슨은 "인류도 틀림없이 세력권 행동을 하는 종"이며 "한정된 자원들을 어떤 식으로 통제할 것인지는 인류의 진화사에서 생사를 가리는 문제"였으므로, "세력권을 지키기 위한 공격적 행동은 널리 퍼져 있으며, 그에 대응하려는 행동이 때로는 살인을 불러오기도" 하였다고 본다. 특히 "전쟁은 문화적인 것에

---

[2] 에드워드 윌슨, 최재천, 장대익 옮김 『통섭』(사이언스 북스, 2005), 300쪽

서 출발했기 때문에 막을 수 있다고 말한다면 위안은 될 수 있을 것"이지만, "불행히도 그런 전통적 지혜는 반쪽 진리일 뿐"이고, "전쟁의 기원은 유전자와 문화 둘 다에 있다."는 것이다. "따라서 이 둘이 상이한 역사적 정황들 속에서 어떻게 상호 작용하는지를 제대로 이해할 때에만 전쟁을 피할 길이 열린다고 말하는 것이 더 옳고 더 현명"하다면서, 역시 정치학자들이 등한시해 온 유전적 기초를 강조한다.[3]

정치학자들은 인간의 본성이 반드시 악하거나 이기적인 것은 아니며, 신의 형상에 따른 이타성과 선함을 가지고 있다고 보기도 하였다. 악하고 이기적인 본성론자들이 선하고 이타적인 본성론자들에 비해 과학적 우월성을 확보할 수도 없었고, 양자를 일관된 논리로 통합하는 것은 더욱 불가능하였다. 양자의 가정이 패러다임적 불가 공약성을 가진다는 유사 과학적 논리로, 어정쩡한 공존을 모색하는 것이 현재 정치학의 한 단면이다. 혹은 인간의 본성이라는 개념 자체가 사회적으로 구성된 것이며, 인간 본성은 시대에 따라 새롭게 구성될 수 있다는 탈생물학적, 문화 환원론적 가정이 제시되기도 하였다. 이러한 모든 논의에 과학적 근거를 제시할 수 있는 한 분야가 진화생물학이며, 진화생물학을 포함한 자연과학과 사회과학의 통섭이 미래 학문 발전, 특히 정치학의 발전에서 시험되어야 할 중요한 논제임에는 틀림이 없다.

진화생물학은 인간의 투쟁적, 경쟁적 정치 본능을 강조하지만, 인간의 협력에 대한 논리적 설명도 제공한다. 윌슨이 논하는 "계약적 합

---

[3] 에드워드 윌슨, 최재천, 장대익 옮김 『통섭』(사이언스 북스, 2005), 301~302쪽.

의"의 개념이나, 리처드 도킨스의 유전자 결정론과 상통하는 "진화적으로 안정된 전략evolutionary stable strategy; ESS" 개념들이 이와 관련되어 있다. 윌슨은 "인간을 포함한 모든 포유류는 이기적 이해관계의 기초 위에서 사회를 형성"하지만, "개미 같은 사회성 곤충들의 카스트 제도와는 달리 인간은 공공의 선을 위해 자신의 위험을 감수하려 하지 않고" 포유류들이 그러하듯이 "개인의 생존과 번식 성공률을 높이기 위한 하나의 장치"로 사회생활을 선택한다는 것이다. 그 결과 "위계질서, 이합 집산식의 연합, 그리고 혈족 동맹"들이 출현하고 이에 근거한 전략 행동이 일어난다고 본다.[4] 도킨스 역시 유전자의 생존을 높이는 전략으로서 숙주인 인간 개체들 간의 협력이 합리적이라는 학습 과정이 내재화internalization되었다고 본다. 진화적으로 검증된 안정적 전략인 협력 전략은 죄수의 딜레마 게임에서의 협력 발생 과정과 맥을 같이한다고 본다.

통섭은 정치학이 이상주의적 열망에 사로잡혀 생물학적 토대를 무시하는 오류를 피할 수 있도록 안내하는 학문 규범적 기준이다. 정치학을 행하는 인간의 뇌가 상상력을 가질 수는 있지만, 인간 뇌가 "자신의 통합을 지시하는 유전자의 생존과 증식을 촉진하기 때문에 존재"하며 또한 "인간 정신은 생존과 번식을 위한 장치"이고, 학문을 행하는 이성은 "그 장치의 다양한 기능 중 하나일 뿐"이라는 진화생물학의 통찰을 생각하면, 이러한 이상주의적 상상은 뇌가 자신의 근거

---

[4] 에드워드 윌슨, 최재천, 장대익 옮김 『통섭』(사이언스 북스, 2005), 302쪽.

를 스스로 부정하는 하나의 아이러니라고 할 수 있다.[5]

인간의 생물학적 본성을 도외시한 자의적 정치학의 가능성을 줄인 다음에 추구해야 할 것은 무엇인가? 정치학에 고유한 더욱 세부적인 정치적 논제들을 다루는 일이다. 예컨대, 왜 한국은 권위주의에서 민주주의로 발전하여 왔는가, 왜 북한은 전체주의를 지속적으로 유지하고, 또 그럴 수 있는가, 왜 북한은 핵을 개발하여 자신의 영역을 지키면서 주변에 위협을 가하고 있는가 등이다. 진화생물학과 통섭적 사회과학은 정치학의 생물학적 토대를 제공하는 기초적 공헌을 넘어, 이러한 구체적이며 역사적인 문제에 어떠한 답을 줄 수 있을 것인가?

얼핏 보면, 인간 사회의 정치적 상황은 너무 복잡하여 진화생물학의 일견 단순해 보이는 통찰로 답을 얻기 어려울 듯하다. 현재로서는 그것이 불변의 사실이다. 문제는 논리적으로 이러한 정치학적 문제가 통섭적으로 해결될 가능성이 있는가 하는 점이다. 즉, 진화생물학, 그리고 자연과학 전체가 미래에 더욱 발전하여 인간 유전자, 개체, 사회, 사회 간 관계를 설명하는 단계에 도달할 수 있는가, 더 나아가 후성적 epigenetic 연구를 통해 통섭 학문이 인간의 문화적 특성이 유전자와 어떻게 공진화하는지까지 밝힐 수 있는가 하는 질문이 새롭게 제기되어야 할 것이다.

사회생물학은 인간의 복잡다단한 현상들이 유전자에 의해 일률적으로 결정된다고 보지 않는다. 단순한 유전자 결정론에 찬성하지 않는 것이다. 그보다는 유전자에 기초하면서도 환경에 의해 변화되는

---

5 에드워드 윌슨, 이한음 옮김 『인간 본성에 대하여』(사이언스 북스, 2000), 25쪽.

후성 규칙들이 어떻게 생성되고 변화되는지, 그리고 유전자와 문화의 상호 작용과 공진화가 인간 정치권력 현상의 세부 사항들까지 설명할 수 있는 논리적 가능성을 가지는지에 더 관심이 많다고 할 수 있다. 여기서 "후성 규칙들이란…… 감각 체계와 뇌의 선천적 작용들의 집합체계"로서 "개체가 환경에서 직면한 문제들에 대해 빠른 해결책을 찾도록 만드는 일종의 어림표rules of thumb"이라 할 수 있다. "그것은 인간으로 하여금 세상을 특정한 방식으로 보게끔 선천적으로 규정"하기도 하지만, "다른 한편으로 그 규칙들은 문화적 변이들과 조합들이 발생할 수 있도록 열려" 있기도 한 것이다.[6] 정치학이 권력에 관한 인간의 후성적 연구를 발전시키고, 이를 생물학과 연계시킬 때, 북핵 문제를 설명할 수 있는 통섭적 사회과학이 가능할 것이라는 논리적 필연성을 현재로서는 부정하기 이르다.

그렇다면 향후의 정치학은 진화생물학의 연구 성과를 더욱 집중적으로 조망하게 될 것인가? 그리고 정치학에 고유한 연구 분야보다 통섭에 더 많은 관심을 기울이게 될 것인가? 21세기 인간 사회는 더욱더 복잡다단해지고 있다. 돌연변이와 유전에 의한 인간의 생물학적 진화는 여전히 일어나고 있지만, 수백만 년 단위로 목격된 인간의 생물학적 진화가 인간에게 유의미할 정도로 인간 사회가 정체되어 있지 않다는 것이 새로운 도전 요인이다. 의학이 발전하면서 돌연변이와 자연적 유전 과정을 넘어선 작위적 유전 환경이 가능해지고 있으며, 심지어 유전공학이 발전함에 따라 자연선택을 조작하는 "인공선택"의 가

---

[6] 에드워드 윌슨, 최재천, 장대익 옮김 『통섭』(사이언스 북스, 2005), 336쪽.

능성마저 실현되는 시대에 살고 있다. 자연 환경의 희소성보다는 같은 인간이 제공하는 문화 환경이 인간의 생존 환경의 중심으로 자리 잡고 있으며, 인간은 자연을 견디기보다는 인간을 견뎌야 하는 절박한 생존경쟁에 놓여 있다. 인간의 이성이 발전하면서 생물학적 유전보다는 지식과 정보, 가치와 같은 정신적 유전자도킨스의 용어를 빌자면, 밈의 사회적 유전이 훨씬 더 큰 힘을 발휘하는 시대가 도래했다.

결국, 후성성이 생물학적 유전성을 압도하는 현상이 사회과학과 정치학에 나타나고 있는 것이다. 후성성이 진화적 사실에 바탕을 두고 있다는 점을 의심할 수는 없다 하더라도, 정치학적 연구는 후성성 자체에 더 많이 토대를 두게 될 것이며, 후성성의 진화적 토대보다는 후성성 자체의 자율적 발전 과정이 더 많은 조명을 받게 될 것이다. 윌슨도 이러한 가능성을 예고한 바 있다. 즉, "유전자의 반응 양태가 무한대의 범위를 갖게 되어 문화적 다양성이 폭발할 수도 있다."는 것이다. 향후의 정치학은 폭발하는 문화적 다양성을 다루기에도 벅찰 것이다. 물론 윌슨은 이러한 문화적 다양성의 폭발이 존재한다고 해서 "문화가 인간 유전체와의 관계를 끊을 수 있는 것은 아니라고" 논하고 있다.[7] 이것이 명백한 사실이라 할지라도, 정치학이 유전자와의 공진화 연구에 심혈을 기울일 만큼 유전자의 설명력이 증가할 것인지, 그리하여 후성성 자체의 연구보다 유전자와의 공진화가 항상 중요한 논제가 될지는, 향후 진화생물학의 발전 속도와 통섭의 심화 정도에 달려 있을 것이다.

---

[7] 에드워드 윌슨, 최재천, 장대익 옮김 『통섭』(사이언스 북스, 2005), 296쪽 참조.

월슨의 논의처럼 정치학은 전쟁을 막고, 인간의 생명을 보호하며, 사회 질서를 유지하는 절박한 학문이다. 통섭이 인간의 평화와 발전을 가능하게 하는 길을 제시해 줄 수 있을지, 미래의 학자들에게 더 많은 기대를 걸어 보아야 할 일이다.

다원과 경제학

김창욱

서울대학교 경제학과를 졸업하고 동 대학원에서 「기술 특성과 산업 패턴의 관계에 관한 진화경제학적 분석」이라는 논문으로 박사학위를 받았다. 한국사회과학연구소와 현대경제연구원을 거쳐 현재는 삼성경제연구소에서 복잡계센터장을 역임하고 있다.

다윈표 경제학이 부상해야 할 때

김창욱

세계 경제가 위기다. 서브프라임 부실의 충격이 일파만파로 번지면서 전 세계 금융 시장과 실물 경제가 침체의 나락으로 빠져들고 있다. 그냥 놔두면 시장 경제는 알아서 잘 작동하리라던 믿음이 산산이 깨지고 있다. 이러한 현실 앞에서 많은 경제학자들이 놀라며 당황하고 있다.

하지만 우리가 몸담고 있는 경제에서 위기와 급변은 결코 드문 일이 아니다. 1929년 대공황 이래 지난 세기에만도 우리는 세계 경제의 위기 상황을 이미 여러 차례 겪었다. 문제는 기존의 경제학이 이러한 경제 현실을 설명하는 데 너무나도 무력하다는 것이다. 그 훌륭한 경제학자 중 누구도 이들 사태를 미처 예상하지 못했으며, 그들의 경제 원리를 가지고 충분히 설명해 내지도 못하고 있다. 영국의 경제학자 존 로빈슨Joan Robinson은 1970년대 세계 경제가 오일쇼크로 인한 위기에 빠져들었을 때 "경제학의 위기"를 외쳤는데, 2000년대 말 우리는 또다시 경제학의 위기를 맞고 있는 것이다.

쿠바의 낡은 자동차 같은 신고전파 경제학

기존 신고전파 경제학이 현실과 괴리된 근본 이유는 그것이 뉴턴 역학에 입각한 기계론적 패러다임에 기초하고 있기 때문이다. 신고전파 경제학은 "뉴턴표" 경제학이라고 불릴 정도로 뉴턴 역학의 체계를 차용하고 있다. 이는 균형을 정상 상태로 생각한다. 경제는 스스로 조절하며 마찰 없이 돌아가는 '자동 제어 장치' 같아서 항상 균형 상태에 있으며, 외부 충격으로 균형에서 벗어나더라도 상쇄하는 힘의 작용으로 다시 균형으로 회귀한다. 이러한 세계에서는 내생적인 불안정성이나 급격한 변화가 존재할 수 없다.

신고전파 경제학에서 가장 비현실적인 것은 인간 행동에 대한 가정이다. '완전한 합리성'이라고 일컬어지는 이 가정은 두 가지 기본 가정 위에 세워졌다. 첫째는 사람들이 효용과 이윤의 '극대화', 즉 최적을 추구한다는 것이고, 둘째는 모든 정보를 다 알고 있다는 것이다. 그러나 현실 세계의 사람들은 의사 결정 과정에서 잘못된 결정을 내리기도 하고, 편견 때문에 제약을 받기도 한다. 또한 '절대적인 최선'이 아니라 '충분히 좋은' 결과를 찾는다. 정보가 불완전하고 인식 능력에 한계가 있기 때문에 완전한 최적을 추구하기보다는 그럭저럭 좋은 것을 선택하는 데 만족한다. 그렇다면 이처럼 비현실적인 가정에 기초하고 있는 이유는 무엇일까? 그것은 이러한 가정 위에서만 균형이라는 수학 문제를 풀 수 있기 때문이다.

경제학이 아직도 이러한 개념틀에 기초하고 있다는 것은 그 뿌리를 제공한 물리학자들에게조차도 당황스러운 것이었다. 경제학자와 자연과학자가 함께한 세미나에 참석했던 한 물리학자는 장시간 경제학자들과 토론을 하고 난 후, 경제학이 쿠바에 여행 갔을 때 봤던 자동차를 떠올리게 한다고 이야기했다. 쿠바에서는 미국의 무역 봉쇄로 1950년대에 생산된 자동차들이 아직도 거리를 누비고 있다. 여기저기서 수집한 폐품들과 구소련제 트랙터의 잡동사니 부품들이 이 자동차들을 굴러가게 하고 있다. 그런데 그 낡디 낡은 자동차를 고치고 또 고쳐서 타고 다니는 쿠바인들처럼 지금의 경제학자들은 낡은 물리학의 개념틀을 고치고 또 고쳐서 사용하고 있다는 것이다.

경제학의 패러다임 전환이 필요한 때

경제 현실은 경제학이 그리는 세계와는 전혀 다른 모습을 보여왔다. '다양성의 확대와 새로운 것의 끊임없는 출현', '예상치 못한 변화들이 끊임없이 이어지는 격변의 소용돌이', 이것이 오늘날 우리가 몸담고 있는 경제 현실이다. 그러면 불안정한 상태에서 끊임없이 변화하는 경제 현실을 이해하기 위해서는 어떻게 해야 하는가. 경제학에서 패러다임의 전환이 일어나야 한다. 바로 고전 역학의 패러다임에서 진화의 패러다임으로 바뀌어야 하는 것이다. "뉴턴표" 경제학으로는 더 이상 현실을 설명할 수 없다. 균형이 아닌 변화를 정상 상태로 하는 경제학이 되어야 하는 것이다. 이것이 우리가 오늘의 경제 현실을 보면서 다윈을 다시 찾는 이유이다.

다윈은 변이와 선별, 이 두 가지 간단한 개념의 결합을 통해 진화의 메커니즘을 밝혔다. 비록 다윈은 자신의 개념을 생물의 진화에 적용했지만 이 원리는 생물계에만 한정되지 않는다. 이 개념을 확장하면 세계의 보편적인 변화 원리가 될 수 있으며 경제에도 훌륭히 적용될 수 있다. 『부의 기원 The origin of wealth』을 쓴 에릭 바인하커 Eric Beinhocker는 진화야말로 "세계의 모든 질서, 복잡성, 그리고 다양성을 설명해 주는 공식"이라고 하였다. 진화는 문제의 해법을 찾아 나가는 보편적인 알고리즘이자, 세계 변화의 근본 원리라는 것이다.

경제 현실에서 변이는 새로움의 지속적 창출을 의미하고 선별은 변화의 누적적 증폭 과정을 의미한다. 진화론적 관점에서 본다면, 경제는 새로운 것이 끊임없이 등장하고, 이것이 누적적 증폭을 거쳐 확산되는 과정을 통해 내생적 변화를 겪는 시스템인 것이다.

경제가 불안정과 요동 속에서도 장기적으로 발전을 지속하는 것도 바로 이러한 진화 메커니즘이 존재하기 때문이다. 진화를 일으키는 핵심적인 기제는 바로 시장이다. 시장의 압력에 의해 혁신이 끊임없이 일어나고 그것들 중 적합한 것이 선별되며 이러한 선별 압력이 다시 혁신을 유발하는 것이다. 전통 경제학은 시장이 효율적 균형으로 이끈다는 점을 강조하지만 시장의 핵심 기능은 혁신을 유발함으로써 불균형을 지속시키는 것이다.

경제학 내의 진화론적 전통

경제학에서 진화론적 접근이 새로운 것은 아니다. 자본주의 경제에 대한 장기 전망을 내포하고 있던 상당수 고전파 경제학자들의 저작 속에서 진화론적 요소들을 발견할 수 있다. 애덤 스미스, 존 스튜어트 밀John Stuart Mill, 카를 마르크스 등은 그러한 요소들을 가진 대표적인 인물들이다. 또한 트머스 맬서스의 『인구론』이 다윈의 진화론 정립에 커다란 영향을 미쳤다는 것은 주지의 사실이다. 이는 진화론적 접근이 생물학 이전에 경제학에서 이미 광범위하게 받아들여지고 있었음을 보여 준다.

근대 경제학의 체계를 정립한 앤드루 마셜Andrew Marshall조차 "경제학의 메카Mecca는 고전 역학이 아니라 생물학이다."라고 주장함으로써 경제학의 기초를 고전 역학에 두는 것은 지향해야 할 바가 아님을 분명히 하였다. 그러나 후세들은 마셜의 이 말을 무시했고 고전 역학을 경제학에 차용하는 데 급급했다.

신고전파 경제학이 경제학의 주류로 자리 잡은 이후에도 신고전파 진영에 반대하는 흐름의 기초에는 공통적으로 진화론적 접근이 존재했다. 반신고전파 진영에서 각기 고유한 학파를 형성했던 소스타인 베블런Thorstein Veblen, 조지프 슘페터Joseph Schumpeter, 프리드리히 하이에크Friedrich Hayek는 비록 서로 독자적인 길을 개척했음에도 공통적으로 진화론적 접근에 기초를 두고 있었다.

베블런은 경제 활동을 "누적적이고 연속적으로 펼쳐지는 일련의 과정cumulative and unfolding sequence"으로 보고자 하였다. 그는 인간의 본성이나 개인의 선호를 주어진 것으로 보는 데 반대하였으며 개인의 기질은 그 환경과 함께 누적적 변화 과정 속에 있다고 보았다. 나아가 그는 "문제는 사물이 어떻게 정지된 상태로 안정화되는가가 아니라 어떻게 끊임없이 성장하고 변화하는가이다."라고 하면서 신고전파를 비판하였다.

슘페터는 신고전파의 정태적 관념에 대한 대안으로서 "창조적 파괴creative destruction"를 제시하였다. 그는 "자본주의를 분석하는 것은 곧 진화 과정을 분석하는 것이라는 사실을 명심해야만 한다."라고 하면서 자본주의를 움직이는 엔진은 바로 혁신이라고 하였다. 그에 따르면, 혁신은 산업의 돌연변이에 해당하는 것으로 낡은 것을 끊임없이 파괴하고 새로운 것을 끊임없이 창조함으로써 경제 구조를 끊임없이 전변시킨다.

하이에크는 "자생적 질서spontaneous order"라는 개념에 진화론적 관념을 도입하였다. 그는 사회 질서는 서로 무지하며 서로 다른 욕구를 가진 개인들 사이의 상호 작용의 결과 자연적으로 발생하며 내재적 비판과 모방을 통해 끊임없이 진화해 간다고 보았다. 그는 자신의 '자생적 질서' 개념을 1960년대 이후 물리학 등에서 형성된 자기조직화self-organization 이론, 복잡성complexity 이론과 연결시킴으로써 경제학에 가장 먼저 현대적 진화론의 관념들을 도입하였다.

진화경제학의 특징

이들 이후 진화경제학은 비록 비주류로 머물긴 했지만 경제학의 한 분파로서 그 명맥을 계속 유지해 왔다. 진화경제학적 접근이 가진 특징을 신고전파 경제학과 비교해 보면 다음과 같다.

첫째, 불균형 상태에서의 동태적인 변화 과정을 분석 대상으로 한다. 즉, 균형 상태에 대한 분석이나 균형 상태 간 비교가 분석 대상이 아니다. 지속적인 불균형 상태하에서의 변화 과정 자체가 분석 대상이다.

둘째, 불완전하고 합리적이지 못한 경제 주체를 상정한다. 경제 주체들은 완전한 정보를 가지고 있지 못하며 기껏해야 국지적 최적화에 그친다. 또한 그들의 의사 결정은 규범과 제도에 의해 제한된다고 본다.

셋째, 이질성을 전제로 한다. 즉, 대표 기업만을 상정하는 것이 아니라 이질적인 기업들의 존재를 상정하고 이들 간의 경쟁과 상호 작용을 분석한다. 이질적인 것은 기업만이 아니라 기술, 행동 규칙 등이 될 수도 있다.

한편 진화적 변화 과정은 그 특성상 기존의 과학이 취해 왔던 표준적인 설명 방식과는 다른 설명 방식을 필요로 한다. 그것은 인과 관계가 아니라 메커니즘의 설명에 초점을 맞추는 방식이다. 기존 과학은 규칙성과 반복성에 기반하고 있다. 이로부터 인과 관계 지향의 설명 방식이 나오고 미래를 예측하는 것으로 목적이 설정된다. 그러나 진화 과정은 비결정성과 비반복성을 본질적 특성으로 한다. 끊임없는 변화와 다양화, 새로움의 창출에 더해 인과 관계와 예측이라는 프리즘으로 접근하는 것은 무고한 일이다. 이러한 진화적 변화 과정에 대한 설명은 그것을 낳는 메커니즘에 초점을 맞출 수밖에 없다. 진화경제학적 접근의 목적은 경제적 진화의 메커니즘을 탐구하고 그를 위한 이론적 도구들을 개발하는 데 있지 미래의 상태나 결과를 예측하는 더 있지 않다.

　현실은 복잡하여 예측할 수 없고, 누구도 현실에 대한 완전한 지식을 가지고 있지 않다고 해서 의도적 개입의 필요성을 부정하는 것은 아니다. 단지 개입의 방식이 달라져야 함을 의미할 뿐이다. 진화론적 접근에 따르면 어떤 결과를 얻기 위해서 투입 요소를 변화시키는 데 초점을 맞추어서는 안 된다. 시스템이 내적인 진화 과정을 통해 스스로 그것을 찾아갈 수 있도록 해야 한다. 이는 탐색과 학습이 원활히 이루어질 수 있을 때 가능하다. 탐색과 학습은 새로운 시도, 새로운 행동이 존재할 때 가능하다. 따라서 어떤 결과를 낳느냐가 중요한 것이 아니라 과정이 충분한 탐색과 학습을 보장하는가 아닌가가 중요한 것이다. 과정 속에 변화의 여지, 즉 자율성과 창조성의 여지가 많이 내포되어 있을 때 그 시스템은 스스로 바람직한 질서를 향해 나아갈 수 있다. 그러므로 정책은 사회의 구체적인 그림을 그리는 것이 아니라 사회의 추상적 구조를 정하는 것이 되어야 한다. 즉, 다양성의 창출과 그에 대한 선별 메커니즘에 관심을 두어야 한다.

다윈표 경제학이 부상해야 할 때

　글로벌 경제 위기는 기존 경제학으로는 예상할 수도 설명할 수도 없는 현상이었다. 하지만 진화 패러다임에 입각해서 본다면 충분히 이해가 가능하다. 이는 작은 국지적 요동이 누적적 증폭 과정을 통해 확산된 것이다. 미국 서브프라임 모기지 대출자의 연체가 파생 상품이라는 매개 고리를 통해 확산되어 금융 기관의 연쇄적인 부실로 이어졌다. 금융 기관의 대출 중단과 회수는 자산의 가격을 떨어뜨리고 이것이 자금 사정을 악화시켜 대출 중단 및 회수 행동을 더욱 강화시켰다. 여기에 더해 가계와 기업 역시 지출을 줄이면서 고용과 이윤이 감소하고 이것이 다시 지출 축소 행동을 더욱 강화시키는 역할을 했다. 그야말로 두려움이 현실을 악화시키고 그것이 다시 두려움을 강화시키는 것이다. 사람들의 행동에 대해 한쪽 방향으로 선별이 일어나 그것을 확산시킴으로써 글로벌 경제 위기가 초래된 것이다.

경제는 갈수록 불안정성이 높아지고 급변이 빈발하고 있다. "뉴턴표" 경제학은 이제 그 한계를 드러내고 있다. 진화론이야말로 끊임없이 변화하는 세계를 설명하는 적합한 패러다임이다. 이것이 경제 위기의 순간에 다윈을 찾는 이유이다. 이제는 경제학의 기초에 진화론이 들어와야 한다. "다윈표" 경제학이 부상할 때가 된 것이다.

다원과 인류학

박순영

서울대학교 인류학과를 졸업하고 미국 뉴욕주립대학교에서 인류학으로 박사학위를 받았다. 현재 서울대학교 인류학과 교수로 재직 중이다. 『희망의 이유』, 『제인 구달』 등을 번역하였다.

인간 보편성 연구의 핵심, 다윈주의

박순영

문화의 보편성과 다양성이 모두 인류학의 연구 주제라고 인류학 개론서에서는 흔히 말하지만, 실제로 지난 수십 년간 대개의 문화인류학자들은 전 세계에는 얼마나 다양한 문화가 존재하는지, 그리고 개별 문화는 또 얼마나 독특한지를 부각시키고자 힘써 왔다. 학생들과 일반 독자들도 낯선 곳에서 새다르게 사는 사람들 얘기를 더 좋아한다. 인류학 강의를 해 본 사람이라면, 세상 어딜 가도 사람 사는 것은 거의 비슷하다는 얘기보다는 모르는 곳에서 기이하게 살아가는 사람들 얘기가 학생들의 흥미를 더 잘 불러일으킨다는 것을 자주 느꼈을 것이다. 우선은 사람들이 신기한 이야기에 이끌리기 때문일 것이고, 거기에 더해 "여기서 꼭 이런 식으로가 아니어도 다른 곳에서는 다른 식으로 살 수 있다"는 가능성이 사람에게 주는 해방감도 작용하기 때문이리라. 그래서인지 가끔 텔레비전에서 방영하는 오지 탐험 프로그램에서 특별한 의례 때에나 한번 입을까 말까 한 옷을 입고 일상생활을 하고 있는 사람들의 모습을 보여 주는 것을 보면 실소를 하면서도 한편으로는 "오지 옷을 입고, 오지 식을 먹으며, 오지 짓을 하는 것"을 보기를 기대하는 시청자들을 실망시키지 않으려는 제작진의 고충을 이해할 것도 같다.

검은 옷을 사 본 사람이라면 누구나 한번쯤은 경험했듯이, 어떤 두 검은색도 꼭 같지는 않기 때문에 아래옷과 윗옷을 따로 사서 입으면 같은 검은색 옷이라도 미묘한 색의 차이가 나타나서 낭패를 보게 된다. 그래서 상하의를 꼭 같은 검은색으로 맞추려면 한 벌로 나온 것을 사야 한다. 그럼에도 불구하고 우리는 세상의 하고 많은 색 중에서 검은색이라 불리는 한 종류의 색이 있음을 인지하고 분류할 수 있는데 이러한 능력은 우리의 삶에서 필수적인 것이다. 마찬가지로, 인간의 행동은 문화에 따라 일견 천태만상으로 보이므로 겉으로 나타나는 행동의 차이에만 주목한다면 문화 사이의 공통점을 찾기가 어려울 수 있다. 그러나 실제로 문화라고 불리는 인간사는 논리적으로 가능한 정도로 변화무쌍하지 않다. 또한 얼핏 보기에는 문화에 따라 사람이 얼마나 달리 살 수 있는지를 보여 주는 일화도 자세히 살펴보면 인간의 보편성을 나타내는 사례인 경우가 많다.

도널드 브라운Donald Brown이라는 한 인류학자는 자신의 책에서 브루나이에서의 현지 조사 경험을 이렇게 서술하고 있다. 하루는 브라운과 그의 부인이 집 앞에서 현지인 세 명과 함께 앉아 대화를 나누고 있었다. 한참을 나무의자에 앉아 있었던 브라운이 자세가 불편해져서 바닥으로 내려와 앉자 세 명의 현지 젊은이도 그를 따라 바닥으로 내려앉는 것이 아닌가. 젊은이들이 자신처럼 자세가 불편해서 바닥으로 내려와 앉은 것이 아니라 상대방보다 확실히 높은 지위가 아니라면 더 높은 곳에 앉아서는 안 된다는 브루나이 예법을 따르고 있다는 것을 깨달은 브라운은 젊은이들에게 자신에게는 그럴 필요가 없다고 극구 만류하였지만 그들은 그의 말을 들으려고 하지 않았다. 주변에는 그들 외에 아무도 없었지만 결국은 강 건너 멀리서 지나가던 한 사람이 자신들의 무례한 행동을 볼지도 모른다는 현지 젊은이의 주장으로 이 논란은 막을 내렸고 모두 함께 바닥에 앉아 얘기를 계속했다. 이 이야기는 문화에 따라 지위를 표현하는 예법이 얼마나 다를 수 있는지를 보여 주는 예로 인용될 수 있다. 하지만 달리 생각하면, 이 얘기는 사회마다 지위의 차이를 표현하는 정도와 방식에 있어서는 차이가 있다 하더라도 인간은 어디서나 지위에 연연하는 위계적 동물이라는 것을 보여 주는 훌륭한 사례라 할 수 있다.

인간 문화에 존재하는 이러한 종류의 보편성이나 규칙성은 인간 본성을 이해하는 데 중요해서 반드시 설명이 필요한 현상이다. 규칙성을 발견하고 설명하려면 규칙성을 생각할 수 있는 틀이 필요한데 결국은 진화된 종으로서 인간이 지닌 본성이 인간 보편성 연구의 가장 적절한 실마리가 될 수밖에 없을 것이다. 현재까지는 진화만이 하나의 종으로서 인간이 지닌 본성을 생각하는 것을 가능하게 해 주기 때문이다. 한 종의 본성은 그 종의 진화사가 만들어 낸 결과기 때문에 인간 본성에 대한 연구에서 다원적 패러다임을 빼놓는다면 근원적인 부분을 빠뜨린 것이라 볼 수 있다.

인간 본성에 대한 근대적 사고의 한 특징은 인간의 정신과 육체를 이원론적으로 보는 것이다. 이러한 이원론은 육체/정신, 자연/문화, 본성/양육 등 다양한 이항구도로 표현되어 왔다. 또한 이 이원론은 이들을 다루는 학문의 분화에도 연결되어 있다. 인간의 꼴, 형태 또는 육체는 다원적 진화의 결과로서 자연과학적 연구의 대상일지라도 인간의 정신, 사회 또는 문화는 인간생물학과는 독립적인 것으로서, 인문학 내지 사회과학 고유의 연구 대상이라 보는 것이다. 인류학을 포함한 근대 사회과학은 다양한 인간 본성론을 전제하고 있지만 그중에서도 가장 지배적인 것은 인간은 타고난 본성이 없으며 사회 또는 문화에 의해 성향이 구성된다는 "백지 가설"일 것이다. 이러한 백지 가설은 인간생물학과 사회 문화는 별개의 영역이라는 이분법의 근간이 되어 왔다. 그러나 육체/정신, 자연/문화, 본성/양육, 자연과학/인문사회과학 이분법과 인간 백지론은 20세기 중반 이후 급격하게 발전하고 있는 다원주의 진화생물학의 성과로 인해 심각하게 도전받고 있다.

인간은 하나의 생물 종으로서 지구상의 다른 모든 생물체와 마찬가지로 진화의 산물이다. 모든 종의 본성은 그 종의 진화사의 결과로서 그 종의 형태와 행동상의 특성을 포괄한다. 예를 들어, 개미의 꼴과 개미의 짓은 모두 개미의 본성이며 이는 개미 진화사의 결과인 것이다. 마찬가지로 인간의 꼴육체과 짓정신 내지 행동 양상 모두 인간 본성이며 이는 인간이라는 종의 진화사가 우리에게 물려준 것이다. 진화의 결과, 우리의 몸은 비록 서로 조금씩 다르게 생겼을지언정 인류로서의 보편적인 구조와 기능을 가지고 있다. 또한 겉으로 보이는 행동은 사람마다 다양해도 그러한 행동을 발현시키는 마음은 인류로서의 보편적인 구조와 내용을 가지고 있으며 백지가 아님이 현대의 생명과학, 뇌과학, 인지과학, 그리고 심리학 등에서 속속 밝혀지고 있다.

육체와 함께 정신도 자연선택이라는 진화적 힘의 결과라면 인간 정신의 표현인 문화와 사회적 제도도 진화적 시각에서 자연과학적으로 그 기초를 규명할 수 있는 것이다. 즉, 생명체가 하는 모든 일의 근원에는 유전자가 관련되어 있고 아무리 복잡한 정신 작용이라도 신경계의 물질적 작용의 결과라면 인간의 종교적 관념, 심성, 경험 등도 자연과학적으로 분석될 수 있다. 동시에 사과의 영양소를 모두 분석하여 그것을 알게 된다는 것이 우리가 사과를 보면 입에 침이 고이고 먹으면 맛있게 느낀다는 사실을 변화시킬 수 없듯이, 종교적 현상을 진화생물학적으로, 신경생리학적으로 분석한 지식이 인간의 종교적 심성과 경험을 대체할 수는 없을 것이니 세상이 너무 삭막해질까 염려할 필요는 없을 것이다.

흔히 "본성"이라고 하면 어떤 조건에서나 변함없이 나타나는 고정된 반응을 연상하지만 실제로는 본성은 환경의 입력에 따라 형질의 출력이 변화하는 열린 성격을 가지고 있다. 따라서 수정란은 환경으로부터 지속적으로 정보를 입력받아야 정상적인 발생을 이룰 수 있고 어린이가 성인으로 자라는 과정에도 환경으로부터 유입된 정보를 필요로 한다. 즉, 우리의 유전적 소양은 환경과 지속적으로 상호 작용하기 때문에 같은 유전적 소양을 지녀도 환경에 따라 다른 반응이 나타날 수 있다. 그러나 환경의 힘이 자의적이거나 무한한 것은 아니다. 진화의 산물인 발달 프로그램이 종의 "정상" 발달 환경을 예측하고 있으면서 환경으로부터 입력된 정보와 유전자가 어떻게 상호 작용할지를 정해 두고 있기 때문이다. 예를 들면, 어린이가 성장 과정에서 영양 결핍에 처하게 되면 영양 부족의 악영향은 아무 기관이나 아무렇게나 미치는 것이 아니라 발달 프로그램이 정해 놓은 우선순위에 따라 미친다. 그래서 어린이의 성장 과정에서 영양 상태가 안 좋으면 상체보다는 다리가 더 짧아지는 것이다.

열린 본성이란 개념을 인간 행동에 적용하면 본성이란 특정 조건에서 발현하는 확률적 행동 경향을 일컫는 것이다. 행동은 진공 상태가 아닌 구체적인 맥락 안에서 발생하기 때문에 사람마다 놓인 형편에 따라 다른 행동을 보이는 것은 당연하다. 그러나 사람의 행동이 무한히 유연할 수 있는 것은 아니다. 학습 능력 또한 마찬가지다. 전통적으로 문화인류학자들은, 인간은 매우 뛰어난 학습 능력을 지녀서 어떤 문화 내용이건 배워서 실천할 수 있다고 생각했다. 그러나 인간이라 해도 학습 능력이 무한히 유연한 것은 아니다. 생명계를 보면 각 종마다 쉽게 배우는 것이 다르다. 사람도 세상의 모든 것을 쉽게 배우는 것이 아니고 인간이란 종이 잘 배워야만 하도록 준비된 것을 잘 배운다. 이런 것들은 우리에게는 너무 쉬워서 배우는 줄도 모르고 배우게 된다. 예를 들면, 컴퓨터에게는 미적분을 푸는 것이 다른 사람의 마음을 읽는 것보다 쉬울지 몰라도 우리 인간에게는 다른 사람의 마음을 짐작하는 것이 보다 쉬울 것이다. 복잡한 사회생활을 하는 종의 일원으로서 다른 사람의 마음 짐작하기가 가장 필요한 능력 중의 하나기 때문에 우리에게 그것을 쉽게 배우는 능력이 있는 것이다.

더구나 인간이 원하는 목표에서의 유연성은 훨씬 더 제한되어 있다. 원론적으로만 말한다면, 우리는 완전히 다른 식으로 살 수도 있을 것이다. 즉, 몸에 해로운 독소를 영양소보다 맛있어 하고, 사회적으로 성공하는 것보다 실패하기를 추구하며, 젊고 건강한 여성보다 늙고 병든 여성을 아내로 얻기 원하고, 자식을 건강하고 잘나게 키우는 것보다 허약하고 못나게 키우기를 좋아하는 식으로 말이다. 그러나 세상에서 실제로 이런 목표를 가지고 사는 사람을 찾기는 어렵다. 혹시라도 이런 목표를 지녔던 사람은 성공적으로 살아남아 우리 조상이 되기 어려웠을 것이며 따라서 그런 성향을 후세대인 우리가 물려받았을 가능성이 낮기 때문이다.

    진화론에 기초하여 발전하고 있는 이러한 인간 본성관으로 인류학자들이 기록해 온 다양한 문화 현상을 연구한다면 놀라운 다양성 속에서도 보편성과 규칙성을 찾아내고 이에 대해 일관성 있고 통합된 설명을 제시할 수 있을 것이다. 인간은 학습 능력이 탁월하고 환경 조건에 따라 유연한 반응을 보일 수 있는 존재기 때문에 언뜻 보기에 문화 간에는 다양성이 두드러지며 따라서 현재까지 많은 문화인류학자들이 이를 기록하는 데 힘써 왔다. 반면 진화적 인간 본성 연구는 인간의 역사와 문화의 다양성을 넘어서는 공통된 속성에 관심을 집중해 왔다. 앞으로 인류학에서 축적된 문화 다양성에 대한 지식과 진화적 인간 본성관이 결합되면 인간의 보편적 본성이 어떤 조건과 맥락에서 다양하게 표현되며 그 변이의 규칙과 패턴은 무엇인지를 탐구할 수 있는 길이 열릴 것이다.

다윈과 성

김성한

고려대학교 불문학과를 졸업하고 동 대학교 철학과에서 「도덕의 기원에 대한 진화론적 설명과 다윈주의 윤리설」로 박사학위를 받았다. 현재 경희대학교 학부대학 객원교수로 재직 중이다. 『동물 해방』, 『사회생물학과 윤리』, 『섹슈얼리티의 진화』 등을 번역하였다.

다윈의 성선택론으로 본 인간의 성(性)

김성한

여자 아이들이 즐겨 읽는 동화 속의 남자 주인공들은 대부분 공통적인 특징을 가지고 있다. 그들은 사회적 지위가 높은 왕자나 기사들이며, 얼굴이 잘생기고 신체가 건장할 뿐만 아니라 사랑하는 여성에게 극히 헌신적이다. 최근 드라마 「꽃보다 남자」에 나온 F4 또한 동화 속 남자 주인공들과 그리 다르지 않다. 이와 같은 남성이 여성에게 사랑받는 이유는 무엇일까?

일찍이 다윈은 인간을 포함한 동물들이 배우자를 선택할 때 일정한 기준을 갖는 이유를 진화론을 통해 설명하고자 했다. 다윈은 어떤 형질이 그 형질을 지닌 개체에게 번식상의 이득을 줌으로써 존속되는 현상을 성선택이라 부르고, 이러한 성선택 과정을 거침으로써 인간을 포함한 많은 동물들이 배우자를 선택하는 전형적인 기준을 갖게 되었다고 주장했다. 이러한 착상은 오늘날 유전자선택 gene selection 이론을 통해 더욱 구체적으로 뒷받침되고 있다. 유전자선택 이론에 따르면 모든 개체는 진화 과정을 거치면서 자신의 유전자를 최대한 존속·번영시킬 수 있는 특징들을 갖추게 되었다. 이러한 특징은 배우자를 선택하는 기준에도 예외 없이 반영되며, 이에 따라 모든 개체는 자신의 유전자를 보존하기에 유리한 상대에게 호감을 느끼는 경향을 갖게 된다. 만물의 영장이라 일컬어지는 인간의 경우도 예외가 아니다. 그런데 이러한 이론에 근거해 보았을 때 우리는 남녀가 배우자를 선택하는 기준이나 이성과의 성관계에 대한 태도에서 전형적인 차이가 나타나리라 예측해 볼 수 있다. 그 이유는 남녀의 번식 방법의 차이로 인해 유전자의 존속을 도모하기 위한 전략이 다를 수 있기 때문이다. 마음을 진화론적으로 탐구하는 진화심리학자들은 바로 이와 같은 유전자선택이론을 바탕으로 인간의 성 특성을 탐구한다.

먼저 진화심리학에서 말하는 남성의 성 특성에 대해 살펴보도록 하자. 진화심리학자인 도널드 시먼스Donald Symons와 데이비드 버스David Buss에 따르면 남성은 가급적 많은 여성과 성관계를 맺으려는 경향이 있다. 한마디로 남성은 다다익선多多益善의 전략을 취한다는 것이다. 이렇게 말하는 이유는 설령 모든 관계가 임신으로 이어지지 않는다고 하더라도 남성의 입장에서는 다수의 여성과 관계를 맺게 되면 자신의 유전자를 담지하고 있는 아이가 더 많이 태어날 가능성이 높아지기 때문이다. 다수의 성 파트너를 가지려는 경향을 늑대 근성이라 부른다면 남성의 머릿속에는 한 마리 늑대가 상주하고 있다고 할 수 있다. 이 늑대는 평소에는 갇혀 있지만 감시가 소홀할 경우 언제든지 뛰쳐나올 준비가 되어 있다.

그런데 이처럼 다수의 성 파트너를 갖는 것이 유전자를 보존하기 위한 유일한 최선의 전략은 아니다. 남성의 입장에서는 단순히 많은 상대와 관계를 갖기보다는, 이와 동시에 고정적인 상대를 갖추고 그러한 상대의 성을 강력하게 독점하는 방법이 더욱 유리한 전략이 될 것이다. 이처럼 남성은 여러 명의 상대와 관계를 맺으려 하면서 막상 직접적인 배우자의 성은 통제하려는 경향을 보이는데, 이러한 특징은 소위 이중 잣대 double standard 로 알려져 있다. 이와 같은 이중 잣대는 논리적으로는 모순이다. 왜냐하면 남성이 다수의 여성과 성관계를 맺고자 한다면 자신의 배우자에게도 동일한 기회를 부여해야 하기 때문이다. 그럼에도 이중 잣대를 가짐으로써 남성은 자신의 유전자를 전하는 데 유리해지게 되기 때문에 적어도 생물학적으로 보았을 때에는 매우 일관된 태도라 할 수 있다.

한편 남성은 피부색이 밝고 머릿결이 윤기가 흐르며 얼굴이 균형 잡힌, 젊고 건강하면서도 소위 S라인 몸매의 여성을 선호한다. 이러한 특징에는 건강한 아이를 낳을 가능성과 다산 가능성에 대한 정보가 포함되어 있다. 이에 따라 남성은 이러한 여성에게 자신도 모르는 사이에 이끌리는 경향이 있다고 한다.

남성과는 다르게 여성은 다수의 상대와 성관계를 갖기보다는 선택적으로 관계를 맺으려는 특징을 나타낸다. 여성은 양量보다는 질質의 전략을 취하는 것이다. 만약 상대를 가리지 않을 경우 여성의 입장에서는 원하지 않은 상대와의 관계가 임신으로 이어질 수 있고, 이로 인해 건강하지 못한 아이가 태어날 수 있으며, 설령 건강한 아이가 태어난다 하더라도 배우자의 보호를 받지 못하는 등 자신의 유전자의 존속·번영을 도모하는 데에 지장을 받을 수 있다. 때문에 여성은 성관계를 맺을 때 남성에 비해 훨씬 신중한 태도를 견지하게 된다. 여기서 유의해야 할 점은 여성이 신중한 태도를 취한다는 주장이 남성에 비해 여성이 성욕을 덜 느낀다는 지적은 아니라는 것이다. 상대가 일정한 기준을 충족시킬 경우 여성은 남성보다 훨씬 강한 성욕을 느낄 수 있다. 진화심리학에서 말하고자 하는 바는 남녀 모두 성욕을 가지고 있으되 그러한 욕구를 충족시키는 방식에서 차이가 나타난다는 것이다.

그런데 이처럼 선택적으로 관계를 맺는 것이 유전자의 존속과 보존을 위한 적절한 전략이라면 여성은 남성처럼 단지 시각적인 요인에 의해 성적으로 자극받기보다는 훨씬 복잡한 메커니즘을 통해 자극받아야 할 것이다. 실제로 여성이 남성에 비해 시각적인 자극의 영향을 덜 받는다는 사실은 남성의 누드에 대해 여성이 보이는 태도로 미루어 짐작할 수 있다. 예를 들어 전 세계적으로 너무나도 잘 알려진 남성 잡지인《플레이보이*Playboy*》는 실제 성관계 장면은 싣지 않으며, 남성들이 이상적이라 생각하는 아름다운 여성의 누드만을 싣는다. 이 잡지는 문명 세계의 남성이라면 모르는 사람이 없다고 해도 과언이 아닐 정도로 많은 수의 독자를 확보하고 있다. 그런데《플레이보이》의 성공에 착안해 만들어진 여성 잡지인《플레이걸*Playgirl*》은 멋진 남성들의 누드로 가득 차 있었음에도 거의 폐간 위기에 몰릴 정도로 여성들의 관심을 끌지 못했다. 경영진은 무엇이 문제인가를 파악하기 위해 설문조사를 해 보았다. 그 결과 여성 독자들 중 상당수가 특집 기사를 읽기 위해 잡지를 구독한다고 답했으며, 남성의 누드에 관심이 있어서 잡지를 구독한다고 답한 비율은 얼마 되지 않았다. 그리고 남성의 누드를 보기 위해 이 잡지를 구독한 사람 중 적지 않은 수는 남성 동성애자들이었다.

그렇다면 여성은 어떤 남성에게 호감을 느낄까? 진화심리학자들은 여성이 대체로 세 가지 조건을 갖춘 남성, 즉 신체가 건장하면서 능력 있고, 그러면서 자신에 대한 배려를 잊지 않는 남성을 선호한다고 말한다. 진화심리학에 따르면 여성은 잘생겼지만 신체적으로 왜소한 남성보다는 못생겼지만 신체적으로 건장한 남성을 선호한다. 물론 여기에는 예외가 있을 수 있다. 그럼에도 평균적으로 보았을 때 여성에게 가장 중요한 외적인 조건은 신체의 건장성이라고 한다. 다음으로 여성은 능력 있는 남성을 선호한다. 이는 남녀의 배우자 선택에 관한 설문 조사에서 거의 일관되게 나타나는 특징이다. 여성은 동일한 남성이라고 하더라도 그 남성의 능력에 따라 평가를 달리한다. 겉모습이 마음에 들지 않은 남학생과 미팅을 했는데, 그 학생이 의대생이라는 사실을 알고는 마음이 완전히 달라졌다는 한 여학생의 이야기는 여성의 능력 있는 남성에 대한 선호를 잘 예시해 주고 있다. 마지막으로 여성은 자신에게 헌신적인 남성을 선호한다. 남녀의 사랑을 다루는 유행가 가사 중에는 남성이 여성에 대한 영원한 사랑을 다짐하거나 여성이 남성의 헌신적인 사랑을 원한다는 내용의 가사가 많은데, 이는 여성이 무엇을 원하는가를 적절히 보여 주는 대목이다. 아무리 능력이 있고 신체가 건장하다고 해도 바람둥이처럼 보일 경우 여성은 그 남성을 선뜻 선택하지 않는다.

인간의 성에 대한 진화론적인 접근이 본격적으로 이루어지기 시작한 것은 불과 20~30년 전이다. 따라서 아직까지는 이론적으로 미비한 부분이 있다. 예를 들어 남녀가 연령, 개인적인 경험이나 소속된 집단 등에 따라 어느 정도 상이한 특성을 나타낼 수 있음에도 그들이 보편적으로 가지고 있는 생래生來적인 성 특성만을 언급하는 것은 다소 거친 일반화가 될 수 있다. 또한 인간의 성에 대한 진화론적인 탐구는 인간을 대상으로 직접적인 실험을 할 수 없다는 한계가 있으며, 이러한 탐구에서 제시하는 증거 자료 역시 여러 해석의 여지가 있다. 무엇보다도 인간은 매우 복잡한 방식으로 판단하고 행동하며, 그 배경이 되는 영향 또한 규정하기가 지극히 어렵다. 이밖에 성에 대한 진화론적인 연구를 시도하는 사람들은 종종 인간과 동물을 비교해서 설명하기도 하는데, 이러한 비교 방법에 대해서도 의문이 제기될 수 있다. 설령 인간과 동물이 정서와 본능을 담당하는 변연계라는 두뇌 영역을 공통적으로 갖추고 있다고 하더라도 다른 동물들과 달리 인간은 신피질이라는 뇌의 영역을 가지고 있으며, 두뇌의 각 부위 간에 상호 작용이 매우 활발하게 이루어지기 때문이다.

    이와 같은 문제점이 있음에도 인간이 진화 과정을 거쳐 오늘에 이르렀고, 진화의 영향을 여전히 받고 있음이 사실이라면 우리는 마땅히 인간의 성에 대해 진화론적으로 접근해 볼 필요가 있다. 특히 성은 인간의 여러 특성 중 원초적인 면을 가장 많이 담고 있으며, 따라서 진화론적인 탐구의 대상으로 삼기에 적절한 주제다. 오늘날 성에 대한 진화론적 탐구는 비교적 탄탄한 이론적 배경을 갖추고 있으며, 계속해서 발전을 거듭하고 있는 연구 분야이다. 때문에 이와 같은 탐구가 현재 지니고 있는 문제점을 지적하면서 이론 자체에 부정적인 시각을 보내서는 안 될 것이다. 이는 목욕물을 버리려다 목욕 중인 아이마저 버리는 우를 범하는 격이라 할 수 있다. 더군다나 지금까지 인간의 생물학적 특성에 대한 연구가 인간이 다른 동물과 질적으로 다른 존재라는 생각으로 인해 비교적 간과되어 왔다는 점을 감안한다면 오늘날에는 이에 대한 연구가 절대적으로 요청된다 할 것이다.

다원과 문학

정과리

서울대학교 불문과를 졸업하고 동 대학원에서 박사학위를 받았다. 1979년 《동아일보》 신춘문예에 「조세희론」이 입선하여 평론 활동을 시작했으며, 1988년부터 2004년까지 계간 《문학과 사회》 편집동인으로 활동하였다. 주요 저서로 『문학, 존재의 변증법』, 『문명의 배꼽』, 『들어라 청년들아』, 『글숨의 광합성』 등이 있다. 충남대학교 불문과 교수를 거쳐 현재 연세대학교 국문과 교수로 재직 중이다.

인간의 상상 형식을 근본적으로 바꾼 다윈

1980년에 노벨 문학상을 수상한 폴란드 시인 체스와프 미워시 Czesław Miłosz는 「다윈 부인Mrs. Darwin」이라는 짧은 우화에서 인간을 동물의 수준으로 격하시켰다고 남편을 비난하는 다윈 부인에 맞서 "만물에게 공통된 이치"를 밝혀낸 다윈의 공적을 기린다. 다윈을 통해서 자연과 인간과 생명과 우주에 차별 없이 적용되는 변화의 원리가 처음으로 이해되기 시작했다는 것이다.

만물에게 공통된 이치는 만물 사이의 끝없는 변화이다. 산다는 것의 핵심에 '변화'를 심어 놓음으로써 다윈의 진화론은 모든 불완전한 존재들의 삶에 영원히 고갈되지 않는 정신의 기름을 주유注油하게 되었다. 변화가 진리라면 존재의 불완전성은 불행이라기보다 차라리 상승을 꿈꾸는 자가 가진 특권이 된다. 완전한 존재는 더 이상 살아야 할 이유를 찾을 수 없는 반면, 불완전한 존재는 더 나은 존재가 되기 위해 열심히 운동할 이유를 가질 수가 있는 것이다. 열심히 움직이는 동안 그의 생은 얼마나 긴박하고 가슴 저리겠는가?

그래서 다윈은 "비비원숭이가 철학자들보다도 더 많은 것을 가르쳐 줄 수 있다."라고 말했던 것이다. 먼지 덩어리에서 아메바를 거쳐 영장류로 커지다가 마침내 생각하는 존재가 되어 감히 불멸을 꿈꾸기에 이르기까지, 존재하는 모든 것의 시시각각의 삶은 온통 경이로운 변화로 가득 차 있는 것이다. 그리고 그 점에서 다윈의 자연과학은 문학의 본질과 맞닿아 있다.

문학인은 언제나 평범한 일상을 신비로 대하는 천진한 마음을 유지해 왔다. 그것은 그가 세계가 바뀌기를 기대하기 때문이다. 문학적 상상은 별천지를 가져오는 데에 있는 것이 아니라, 지금·이곳의 무의미한 삶을 내일·저곳의 멋진 삶으로 만드는 데 있는 것이다. 무에서 유를 창조하는 신비가 바로 이것이다.

이 변화의 축 위에서 진화론과 문학은 세 가지 측면에서 만난다. 하나는 '적자생존'이라는 명칭으로 우리에게 알려진 '자연선택'의 측면이다. 삶의 무대가 치열한 생존경쟁의 장이라는 건 살아 보면 누구나 깨닫는 일이다. 그런데 다윈의 통찰은 그 치열한 싸움의 장을 단순히 선과 악의 기준으로 판별할 수 없다는 것이다. 다윈 스스로 "악마의 복음 gospel of devil"[1]이라고 부른 진화론적 관점에서 보면 세상은 권선징악의 무대가 아니라 모든 존재가 살아남기 위하여 온힘을 다해 치열하게 싸우는 무대이다. 문학은 이러한 통찰을 적극적으로 실행한다. 왜냐하면 우선은 그게 진실이기 때문이고, 더 나아가 악마가 프라다

---

1   이 표현은 다윈이 토머스 헉슬리에게 보낸 1860년 8월 8일의 편지에 나온다. 세간의 비난을 비꼬려는 의도가 담긴 반어적 표현이다.

를 입는 것도 그 나름의 절절한 이유가 있다고 생각하는 게 선신善神에게도 이롭기 때문이다. 위대한 작품일수록 주인공과 그의 적을 동등하게 대접하고 그 둘 사이의 치열한 대결을 핍진하게 그린다. 그것이 주인공에게도 편히 자신의 덕성에 안주하지 않고 책임과 능력을 다해 상황과 싸우게 하는 힘이다.

이 생존경쟁의 무대에 선악 개념이 변질되어 우량의 문제로 전화하면 우생학이 탄생한다. 이 우생학의 우산 아래서, 나치를 비롯한 파시즘적 광기에 의해 온갖 인종 학살이 자행되었다. 아우슈비츠에서 우생학의 희생양이 되었다가 가까스로 생환한 프리모 레비Primo Levi는 가혹한 환경하에서 가해자와 피해자 모두에게 일어나는 정신의 변화를 꼼꼼히 추적하여 "수용소의 다윈"이라는 별명을 얻었다. 사실 우생학만큼 다윈에 어긋나는 것도 없다. 그것은 변화를 부인하며, 변화를 부인하는 것은 진화론이 아니다.

두 번째로, 진화론을 실제의 인간에게 적용해 실험하는 소설들이 나타났다. 다윈의 진화론을 잘 알고 있었던 19세기의 프랑스 소설가 에밀 졸라Emile Zola는 '유전'과 '환경'과 '시대'를 기본 요소로 해서 '루공'과 '마카르'라는 두 가문 사이의 교섭에 의한 인종의 변이 과정을 추적하고자 하였다. 그러나 이 실험은 다소간 인위적이고 또한 다윈의 본의에도 어긋나 있었다. 진화의 기본 요소를 그렇게 제한할 수는 없다. 실제로 실험의 시대인 19세기에 다윈은 '관찰'의 달인으로서 평가된다. 졸라적 실험의 인위성에 비추어 보면 다윈의 관찰 중시는 그가 세계의 진행에 대해 얼마나 신중하고 겸손하게 접근했는가를 잘 느끼게 해 준다. 하지만, 졸라의 실험이 실제 현실과 맞지는 않았다 하더라도 인류의 생존에 대한 무궁무진한 상상을 부추겼다. 『루공-마카르 총서Les Rougons Macquarts』는 그의 의도와 달리 인간 욕망의 복잡다단하게 얽힌 덩굴의 미로도를 제공하였다. 진화론은 신화로 둔갑하였다. 유전과 환경과 시대의 조립판은 우리의 의사를 초월해 우리를 끊임없이 알 수 없는 곳으로 이끌고 가는 불가해한 힘의 용광로가 되었다. 졸라의 소설은, 과학에 대한 믿음과 공포가 양극단의 모순으로 팽팽히 긴장해 있던 시대에 나옴 직한 생각을 그대로 표출한다.

세 번째 측면은 다윈의 현대적 해석과 맞닿아 있다. 20세기 분자생물학의 발달은 진화의 문제를 '적응'의 관점에서가 아니라 '우연'과 '돌연변이'의 관점에서 이해하는 길을 열어 주었다. 진화의 핵심이 변화라면 그 변화는 질적 도약을 가리키는 게 옳다. 그 점에서 진화의 근본 사태는 돌연변이이다. 스티븐 제이 굴드가 훗날 말했던 것처럼, "진화의 결과는 그 원인 시점에서는 전혀 예측할 수가 없다." 진화생물학의 대가들이자 노벨상 수상자들인 자크 모노Jacques Monod와 프랑수아 자코브François Jacob, 일리야 프리고진Ilya Prigogine은 그러한 관점에 이론적 근거를 제시하였다. 자크 모노는 역작 『우연과 필연Le hasard et la nécessité』을 통해 생명 탄생과 진화가 우연들의 점진적인 구성체임을 주장하였으며, 프랑수아 자코브는 브리콜라주bricolage의 비유를 통해 지구상의 생명체가 목적과 계획을 지닌 지적설계자에 의해서가 아니라 즉흥적인 땜질tinkering과 시행착오를 바탕으로 만들어진 산물임을 설명하였다.

우연과 돌연변이는 인간의 상상 형식을 근본적으로 바꾸어 놓았다. 프랑스의 저명한 서평지 《크리티크Critique》 2006년 6-7월호통권 709-

710호 '변종' 특집을 책임 편집한 티에리 오케Thierry Hoque의 말을 빌리자면, 이제 "괴물들은 사라졌고 슈퍼맨은 피로하다. 하지만 변종들은 번창한다." 예전에 변종은 기형으로서 이해되었다. 그러나 이제는 그 반대이다. 세계와 인류가 변화하는 한, "모두가 변종이다." 게다가 2003년 인간의 유전자 지도가 완성됨으로써 인간은 말 그대로 분해와 변용의 수술대에 완전하게 노출되었다. 인간의 불변하는 육체적 속성들은 이제 없다. 인간의 몸에 낯선 장치가 부착됨으로써 인간은 점차로 미래의 인간으로 바뀌어 간다. 휴먼은 이미 포스트-휴먼이다.

포스트-휴먼의 등장은 두 가지 방향에서 문학적 상상력을 자극하였다. 하나는 인류의 육체적 변화에 대한 무한한 탐구이다. 프랑켄슈타인으로부터 '사이버cyber'라는 단어를 발명한 윌리엄 깁슨Wiliam Gibson의 『뉴로맨서Neuromancer』를 거쳐 사이보그의 비애를 서정적으로 묘사한 『공각기동대攻殼機動隊』에 이르기까지 인류의 상상은 질주에 질주를 거듭해 왔다. 또 다른 방향은 첨단 과학의 기술을 통해 인류를 전면적으로 조작하고 관리하는, 미셸 푸코Michel Foucault가 '생명 관리 공학biopolitique'이라고 명명한, 지배 관리 체제에 대한 경고와 그런 체제를 방조한 인류의 태도에 대한 반성 및 해방의 과제를 탐구하는 문학이다. 올더스 헉슬리Aldous Huxley의 『멋진 신세계The Brave New World』가 그 모형을 제공했다면, 오늘의 문학은 그 지배 체제 자체가 스스로 통제 불가능한 상태에까지 다다른 상황을 즐겨 그린다. 2009년 장안의 지가를 성큼 끌어올린 주제 사라마구José Saramogo의 『눈먼 자들의 도시Ensaio sobre a Cegueira』도 얼마간은 그런 상황과 관련되어 있다.

이 모든 문학적 상상은 진화론의 발달에 따라 더욱 천변만화千變

萬化하며, 거꾸로 신다윈주의자들에게 신선한 아이디어를 제공하기도 한다. 다윈의 착상에 직접적인 영감을 불어넣어 준 사람은 그의 할아버지인 에라스무스 다윈이었다. 의사인 동시에 시인이었던 그는 자연의 법칙을 일반 대중이 감각적으로 느낄 수 있도록 하기 위해 자신의 시작詩作을 활용하는 등 과학의 대중화에 평생을 헌신하였다. 특히 그는 "세계는 아주 미미한 것으로부터 발생해 고유한 활동에 따라 점차적으로 성장하여 위대해진다."『주노미아 혹은 유기적 생명의 법칙ZOONOMIA or The Laws of Organic Life』는 진화론의 근본 원리를 굳게 믿었으며, 이 믿음은 손자의 지적 성장에 지속적인 영향을 주었다. 손자가 정밀한 관찰자였다면, 그에 앞서 할아버지는 착상에 논리와 감각의 콘크리트를 부었다. 할아버지의 상상이 없었다면, 손자의 관찰은 시작조차 되지 못했을지 모른다. 그 점에서 보자면, 진화론과 문학은 직계 가족을 이룸으로써 인류의 정신적 진화에 획기적인 도약의 계기를 제공했다고 할 수 있으니, 서로 다른 종류들의 만남이 얼마나 소중한 것인지 새삼 그 의미를 되새기게 된다.

다원과 미술

조 택 연

중앙대학교에서 건축을 전공하여 공학박사학위를 받았으며 현재 홍익대학교 미술대학 산업디자인학과 교수로 재직하고 있다.

마음의 오랜 진화가 선사하는 예술

조택연

자연과학을 도함한 사유 영역에서 '가장 아름다운'이라는 말은 '가장 단순하게, 그리고 가장 보편적이고 포괄적으로 세상의 질서를 설명하는' 법칙이나 이론에 주어지는 찬사이다. 그렇다면 '가장 아름다운'이라는 수식어가 붙는 법칙은 어떤 것이 있을까? 아마 대부분의 사람들은 우주의 구조를 극단적 추상성으로 설명하는 아인슈타인의 상대성 이론이나 인류를 달에 보내 우주의 시대를 열게 한 뉴턴의 운동법칙을 제일 먼저 떠올릴지도 모르겠다. 하지만 가장 아름다운 법칙이라는 찬사는 모든 생물의 기원을 설명하는, 우리 인류가 걸어온 이야기이기도 한 다윈의 진화론에게 주어진다. 인류가 가장 아름답게 이해한 세상의 질서로서 진화론은 유전, 변이, 선택, 단 3가지 정리로 구성되고 요약된다.

진화론을 구성하는 이 3가의 정리 중에서도 가장 많은 사색이 투자되고 그 결과 다양한 사유가 파생하는 부분이 바로 '선택'이다. 진화론 초기, 다윈은 선택의 범위를 단지 자연환경과 개체 사이의 물리적 관계로 보았고 이를 자연선택이라 불렀다. 하지만 선택에 대한 협의적狹義的 해석, 즉 자연선택에 명백히 불리해 보이는 형질을 가진 종들의 번성을 설명할 수 없었다. 특히 그를 괴롭힌 것이 공작이었는데, 거추장스럽고 포식자에게 발견되기 쉬우며 게다가 많은 양의 에너지를 소모하는 화려한 수공작의 꼬리 깃털은 다윈에게 불가사의해 보였다. 화려한 깃털을 가진 공작의 적응을 명확히 설명할 수 없자, 다윈은 "공작 꼬리 깃털의 무늬만 봐도 토할 것 같다."고 토로할 정도였다. 하지만 이내 성선택 개념을 도입, 선택, 즉 경쟁의 범위를 환경과 개체 사이의 물리적 관계뿐 아니라 종내 암수 사이의 관계로까지 확장해 보다 포괄적으로 해석함으로써 화려한 꼬리 깃털의 선택적 의미를 이해할 수 있었다. 적응의 범위가 물리적 환경의 유형적 구조에서 나아가 마음과 같이 무형적 구조를 포함하게 된 것이다.

    성선택 개념을 추가함으로써 다윈은 진화의 구조를 더 폭넓게 이해할 수 있게 되었고 후대의 진화생물학은 마음이 중요한 생존 환경으로 작용함을 깨닫게 되었다. 진화생물학과 인지과학이 결합해 탄생한 진화심리학은 여러 장기로 구성된 신체처럼 두뇌 역시 여러 기능의 사고 기관들로 이루어져 있다고 이야기한다. 진화심리학은 마음이 통합 사유체로서 두뇌의 연산 작용으로 인한 결과가 아니라, 특정 기능을 지닌 각각의 작은 마음 조각, 즉 마음의 모듈module이 두뇌의 통합 영역에서 하나로 결합되면서 발생하는 것으로 믿는다. 그리고 신체 각 기관들이 환경에 적응하면서 조금씩 변화해 원시적 생명체에서 오늘날의 현생 인류로 진화한 것과 같이, 진화 역사가 거쳐 온 생존 환경을 이해한 마음의 조각들이 덧대어지면서 현생 인류의 두뇌, 즉 마음이 되었을 것으로 짐작한다. 두뇌를 여러 부품들의 집합으로서 인지적, 해부학적으로 해석함으로써 두뇌와 마음 또한 진화의 산물임을 보다 쉽게 받아들일 수 있게 되었다.

제이 애플턴Jay Appleton은 그의 저서 『경관의 경험The Experience of Landscape』에서 인간은 특정 풍경에 대해 더 강한 호감을 느끼며 그러한 풍경들은 대부분 생존에 유리한 공간 조건을 나타내는 영상 정보들이라고 설명한다. 특정한 조건의 자연환경에 대해 보이는 호감은 그와 관련한 앞선 경험 없이도 대부분의 사람들에서 유사하게 나타난다. 나는 상대를 용이하게 관찰할 수 있지만 적은 나를 관찰하는 것이 힘든 시야비스타(Vista) 상태에서 더 큰 안정감과 풍경에 대한 호감을 느끼는 것이 한 예이다.

앞의 언덕 아래로 너른 풀밭이 펼쳐져 있고 뒤로는 바위벽이 감싸고 있으며 과일이 주렁주렁 대달린 나무가 듬성듬성 심어져 있어 시원한 그늘을 만들고 그 사이로 맑은 물이 흐르는 풍경은 오랫동안 이상향의 모습으로 묘사되어 왔다. 이러한 공간은 적 혹은 포식자의 접근을 미리 알 수 있어 안전하고 먹을 것, 즉 과일과 물이 있어 생존이 보장되는 공간이다. 이러한 공간이 내포한 보다 높은 생존 가능성에 감성적으로 주목한 개체들이 더 많이 살아남았고, 그 결과 이러한 영상 정보의 가치를 미리 학습하지 않아도 그 공간에 대해 호감을 느끼게 되었다.

모닥불 곁에 앉으면 마음이 편안하고 행복해진다. 친구들과 함께라면 그 느낌은 배가될 것이다. 불꽃에서 방출되는 적외선이 피부를 따듯하게 하고, 그중 몇 개의 빛 알갱이가 동공을 가로질러 시신경을 자극하면 두뇌는 미묘한 감정을 만드는 화학적 변화를 시작한다. 불꽃의 자극에 의해 뇌에서 발생하는 화학적 변화는 이성에게서 사랑을 느낄 때 뇌에서 일어나는 반응과 매우 유사하다. 즉 따듯하게 타오르는 모닥불을 바라볼 때 느끼는 감정과 사랑하는 이성을 바라보며 느끼는 감정은 매우 혼동되는 것이다. 모닥불을 바라보며 남자 친구와 마주 앉아 사랑의 밀어를 속삭이다 사랑의 감정이 넘쳐 나기 시작한다면 당신의 마음은 지금 속고 있는 것이다. 물론 남자 친구의 달콤한 밀어가 거짓이라는 뜻이 아니라, 불에 반응하는 뇌가 거짓말을 하고 있다는 것이다. 그리고 지금 이 순간 남자 친구가 입술을 내민다면 아마 당신은 사랑을 확신하며 그 입술에 키스를 할 것이다. 하지만 실제로 당신이 키스하고 싶은 대상은 남자 친구가 아니라 모닥불이다. 그 감정이 모닥불에 의한 것임을 알지 못한 당신은 느낌의 원인을 사랑이라 결론짓고 대상 객체로 입술을 택하겠지만 사실은 불꽃과 뜨거운 키스를 하고 싶은 것이다.

지난 홍적세의 200만 년 동안 여러 빙하기를 거치며 살아남은 인간은 이 시기의 대부분을 벌거숭이로 살았다. 집을 지을 줄 몰랐고, 동굴 주거는 이미 힘센 종족에게 분양되어 있었다. 모피를 옷으로 가공해 체온을 유지하게 된 것은 비교적 근래의 사건이다. 인간은 첫 번째 빙하기 때부터 불을 사용했다. 아마 혹독한 추위에서 인간을 구원한 것은 친구들과 빙 둘러앉아 두런두런 얘기를 나누던 모닥불이었을 것이고, 살아남기 위해 불이라는 새로운 생존 환경에 치열하게 적응해야 했을 것이다. 불을 보면 행복해지고 불 곁에 머물고 싶고 불이 꺼지지 않도록 계속해서 무언가를 던져 넣으려는 마음을 뇌에 발현시키는 유전자를 지닌 인간만이 충적세까지 살아남아 현생 인류가 된 것은 아닐까? 이성에 대한 끌림, 가족 간의 유대감만큼이나 강한 감정을 느끼게 하는 자극이 불꽃이다. 인간의 불에 대한 애정은 각별해서 인간이 이성 외에 스토킹을 하는 유일한 대상이 바로 불이다. 불구경이 세상에서 제일 재미있다고 이야기할 정도로 불이 있는 곳에는 벌 떼같이 사람들이 꼬이고, 그게 또 얼마나 아름다웠으면 꽃불꽃이라고까지 불렀을까.

이렇듯 인간은 여러 지질 시대를 거치면서 자신이 처한 환경에서 살아남기 위해 공간의 구조를 이해하고 이를 내재적 지식으로서의 마음 혹은 선험적 감정으로서의 생존 정보들을 유전자에 기록해 왔다. 유전자에 기록한 생존 정보가 적절한 감정으로 두뇌에서 발현된 인류는 살아남아 우리의 선조가 되었을 것이다. 두뇌에 의존해 가장 급격하게 진화해 온 현생 인류는 다른 어떤 종의 생명들보다 더 누더기 같은 두뇌를 가지게 되었다. 복잡하게, 그리고 불안정하게 엮여 있는 마음의 조각들이 조금만 잘못 연결되거나 작동하면 두뇌는 해리성 혹은 분열성 장애를 보인다. 유일하게 신경증을 앓게 되는 생명체가 인간인 것을 보면 인간의 뇌가 얼마나 복잡한 마음을 담고 있는지를 짐작하게 한다.

표현 행위로서 예술은 인간의 욕망, 즉 마음에 의존한다. 살아남기 위해 무언가 도구를 만들어야 했던 인간은 자신을 흉내 낸 조각을 만들었고 후일 그것이 그림으로 이어졌다. 현대 회화는 경외감을 화폭에 담아내는 다양한 방법들을 개발해 냈다. 특히 인간 심성에 대한 지그문트 프로이트 Sigmund Freud의 정신분석학적 이해에 기반을 둔 초현실주의 화가들은 불편함 또는 익숙하지 않음의 불안을 회화적 표현 기법과 결합시켜 극단의 감정적 동요를 발생시키는 것에 능숙하다. 이들이 추구한 "예상치 못한 많은 의미를 만들어 내는 심리적 자동 작용의 무의식적 탐험"은 학습을 통해 획득한 인식이 아닌 이를 초월한 무의식적 인지 반응을 유발하는 시각 정보를 회화에 끌어들였다. 유전자에 내재된 선험적 익숙함에 반하는 불안과 혐오의 풍경을 바라보아야 하는 관람자 시점의 갈등은 전에 경험할 수 없었던 새로운 감성을 제공한다.

풍경의 아름다움에 대한 감동이 생존에 가장 유리한 조건을 가진 환경을 구분하는 기술 축적의 진화 결과라면 초현실주의 작가의 화폭에서 발견되는 불편함으로부터 기인한 감동 역시 마음의 오랜 진화 결과이다. 익숙한 공간에 안주하려는 본능이 생존 가능성에 대한 진화적 학습의 결과라면 두려움 혹은 불편함에서 벗어나려는 의지 역시 마음의 오랜 진화 결과인 것이다. 초현실주의 작가 르네 마그리트 René Magritte나 살바도르 달리 Salvador Dali는 인간의 마음에 내재되어 있는 불안 혹은 불편함의 시각적 단서를 읽어 낸 화가들이다. 초현실주의 작가들은 일상적이고 상식적인 관계에서 벗어나 이상하고 낯선 상황을 설정하는 일련의 방법인 데페이즈망 depaysement 기법을 즐겨 사용했다. 마그리트는 「빛의 제국 The Empire of Light」 연작에서 화창한 한낮의 파란 하늘의 배경과 어둑어둑한 건물 사이에 켜진 가로등 등불이라는 부조화를 통해 기이함을 느끼도록 유도하고 있다. 가로등과 조명, 그리고 실내에서 스며 나온 빛이 미처 닿지 않은 저택의 어두운 실루엣 위로 가볍게 펼쳐진 정오의 하늘은, 차단된 공간 정보로부터 발생하는 불안함, 그리고 기억 속에 존재하지 않는 상황들이 결합해 기괴하게 느껴지도록 한다. 「사랑스러운 경치 The Lovely Perspective」는 공간 정보가 차단된 환경이 주는 극단적 공포를 경험하게 한다. 일부가 단락된 2개의 문은 그 틈으로 각각 다른 배경을 투영하고 있는데 하나는 모든 공간 정보가 탈루된 어두운 모습이고 다른 하나는 밝은 햇빛 속의 풍경이다. 그 공간의 정보를 환하게 드러내는 밝은 빛 속의 풍경이 관람자의 마음을 편안하게 하는 반면 공간 정보를 감추고 있는 어두운 배경의 문은 불안하게 만든다. 이와 유사한 구조로, 달리 역시 파란 하늘에 장미꽃이 둥둥 떠 있는 「명상하는 장미 Meditative Rose」나 해변에 미생물 모양처럼 늘어져 있는 시계를 그린 「기억의 고집 The Persistence Of Memory」에서 섬뜩함을 주고자 한다.

예술 작품과 수용의 메커니즘을 이런 마음의 진화 측면에서 이해할 수 있다면 우리는 이를 역으로 사용해 보는 일도 가능할 것이다. 작가가 인식 메커니즘으로 관람자에게 어떤 반응을 유도한다는 일방적인 관계에서 벗어나 이를 수용하는 우리가 전혀 엉뚱한 상상을 해 보는 일은, 다양성을 추구하는 현대의 포스트모던한 예술에 부합하는 좋은 방법이기도 하다. 가령 에드바르 뭉크 Edvard Munch의 「절규 The Scream」에서 구불구불 노을 지는 암울한 배경 대신 파란 하늘에 빨간 하트들이 둥둥 떠다니는 배경으로 바꿔 상상해 보라. 절규하던 그림 속의 인물이 사랑에 빠져 어쩔 줄 몰라 몸을 배배 꼬는 소심한 남자로 보일 것이다.

다윈과 음악

최 재 천

서울대학교 동물학과를 졸업하고 미국 하버드대학교에서 박사학위를 받았다. 서울대학교 생명과학부 교수를 거쳐 현재는 이화여자대학교 석좌교수로 재직 중이다. 2006년 개소한 통섭원을 중심으로 자연과학과 인문학의 통섭을 여러 젊은 학자들과 함께 모색하고 있다. 한국생태학회 회장을 역임했다. 저서로 『대담』, 『개미제국의 발견』, 『생명이 있는 것은 다 아름답다』 등이 있으며 역서로 『통섭』(공역), 『인간은 왜 병에 걸리는가』 등이 있다.

진화생물학으로 들여다본 음악의 기원과 진화

일찍이 음악 인류학자 존 블래킹John Blacking은 그의 명저 『인간은 얼마나 음악적인가How Musical is Man?』에서 음악을 다음과 같이 규정했다.

> 세상은 온통 음악에 휩싸여 있기 때문에 음악은 언어, 또는 좀 더 나아가 종교처럼 인간의 종특이적인 형질이라 할 수 있다. 작곡과 연주에 필수 불가결한 생리적 및 인지적 과정조차 인간 종을 구성하는 설계의 하나일지도 모르며, 그렇기 때문에 거의 모든 사람들에게 존재하는 것이리라.

음악은 동서고금을 막론하고 모든 문화권에 존재하는 지극히 보편적인 인간 속성이다. 음악은 우리 삶 거의 모든 곳에 존재한다. 음악

---

* 2004년《음악과 민족》제28호 5~13쪽에「새 소리와 음악의 진화」라는 제목으로 게재된 필자의 글 중 상당 부분이 수정 보완되어 이 글에 재수록되었음을 미리 밝혀 둔다.

공연장, 나이트 클럽, 결혼식장, 장례식장은 말할 나위도 없거니와 엘리베이터, 운동 경기장, 그리고 심지어는 늦은 밤 시험 공부에 집중해야 할 수험생의 귓속에도 음악은 여지없이 울린다. 이처럼 동시에 거의 모든 곳에 존재한다는 뜻에 아주 적절한 영어 단어가 있다. 바로 요즘 우리가 많이 쓰고 있는 '유비쿼터스ubiquitous'라는 형용사이다. 음악은 거의 하느님에 버금가는 무소부재無所不在의 실체이다.

음악이 인류 역사의 어느 시점부터 우리와 함께했는지 모르지만 어느덧 우리는 음악이 없는 세상을 상상조차 할 수 없게 되었다. 우리는 음악을 생산하고 향유하는 데 엄청난 돈과 시간을 소비한다. 2009년 6월 팝 음악의 거성 마이클 잭슨Michael Jackson이 홀연 세상을 떠났다. 일부 언론에서는 그가 남긴 빚이 상당하다고 호들갑을 떨었지만, 그가 평생 번 돈과 죽은 후에도 계속 벌 돈에 비하면 그야말로 구우일모九牛一毛이리라. 하지만 이처럼 무소부재의 존재가 도대체 어떻게 생겨났으며 왜 이리도 끊임없이 우리 삶을 사로잡는지는 여전히 가장 풀기 어려운 불가사의 중의 하나로 남아 있다.

음악의 기원과 진화에 관한 가설들은 참으로 다양하다. 언어의 기원을 동물에서 찾는 것 못지않게 음악의 기원을 찾기 위해 동물 세계를 기웃거리는 진화생물학적 접근을 불편해 하는 사람들이 적지 않은 듯싶다. 블래킹이 지적한 대로 음악이란 본래 "탁월한 음악적 능력을 소유했다는 유럽인들에 의해 발명되고 발달된 것으로서 소리의 유형이 누적적인 규칙을 확립하고 영역을 넓히는 과정에서 정립된 음의 체계"라고 배워 오로지 서양 예술 음악만이 진정한 음악이라고 생각하는 이들에게는 특별히 불편할 것이다. 게다가 언어에 비해 음악의 진화를 밝히기가 더욱 어려운 까닭은 인간 사회의 모든 문화권이 예외 없이 음악을 만들고 즐기는 것은 분명하나 음악이 어떻게 우리 인간의 생존과 번식에 도움이 되는지가 확실하지 않다는 데 있다.

오늘날 우리와 함께하는 인간의 보편적인 특성이나 문화를 진화생물학적으로 설명하려면 그것들이 우리 인류의 역사를 통해 우리 조상들의 생존과 번식에 어떤 형태로든 도움이 되었다는 것을 입증해야 한다. 이를테면 질투심도 질투를 느낄 줄 아는 사람이 그렇지 않은 사람에 비해 보다 많은 자손을 남겼기 때문에, 즉 보다 많은 유전자를 후세에 퍼뜨렸기 때문에 오늘날 인간의 보편적인 특성으로 남아 있는 것이다. 외간 남자가 자기 아내랑 은밀한 시간을 가져도 전혀 질투할 줄 모르는 남자는 자기 유전자가 아닌 남의 유전자를 지닌 자식을 먹여 살릴 가능성이 그만큼 높다. 이런 관점에서 볼 때 음악의 기원과 진화는 그리 간단히 풀릴 숙제가 아닌 듯이 보인다.

음악의 진화에 대해 고민해 온 진화생물학자들이 내놓은 가설에는 크게 다섯 가지가 있다. 다윈은 그의 1871년 저서 『인간의 유래』에서 다음과 같이 말한다.

> 인간으로 진화한 어떤 동물이, 수컷이든, 암컷이든, 아니면 둘 다든, 서로 간의 사랑을 정교한 언어로 표현할 수 있기 전에는 음과 리듬을 사용하여 서로를 유혹하려 했을 것이다.

음악의 기원에 대한 가설 중 가장 많이 인용되는 것은 『연애 Mating Mind』라는 책으로 우리 독자들에게도 친숙한 진화심리학자 제프리 딜러Geoffrey Miller가 다윈의 생각을 이어받아 정립한 '성선택 가설'이다. 동물행동학자들은 그동안 자연계의 많은 동물들, 그중에서도 특히 새와 곤충에서 암컷이 수컷의 소리를 듣고 맘에 드는 배우자를 선택하는 과정을 관찰해 왔다. 수컷들은 보다 매력적인 소리를 내기 위해 경쟁할 수밖에 없고, 그 결과 동물들의 소리는 우리 인간의 귀에도 마치 음악처럼 복잡하고 아름답게 들리게 된 것이다. 새들의 노래를 연구한 이들은 생물학자들만이 아니었다. 새소리를 채보하여 「새들의 눈뜸」, 「새의 카탈로그」 등을 작곡한 올리비에 메시앙Olivier Messiaen으로부터 새소리가 문화의 한복판에 깊숙이 스며든 파푸아뉴기니의 칼룰리 종족에 관한 민족지학의 고전 『소리와 감정Sound and Sentiment』을 저술한 음악인류학자 스티븐 펠드Steven Feld에 이르기까지 새소리에 매료된 음악가들도 적지 않다.

밀러는 동물들의 소리와 마찬가지로 인간의 음악도 기본적으로 구애 신호로 시작했다고 주장한다. 보다 매력적인 음악을 만들어 내는 남성이 보다 많은 번식의 기회를 갖게 됨으로써 그의 이른바 '음악 유전자'가 후세에 널리 퍼지게 된 것이다. 밀러가 자주 드는 예는 27세의 젊은 나이에 마약 과다 복용으로 요절한 천재 기타 연주자 지미 헨드릭스Jimi Hendrix이다. 헨드릭스의 음악적 재능이 그에게 장수를 보장하지는 못했지만 그 짧은 생애 동안 그는 공연장마다 따라다니던 수많은 여성 팬들 중 적어도 수백 명과 잠자리를 같이한 것으로 알려져 있다. 그 와중에도 그는 또한 늘 두 여성과 지속적인 관계를 맺었고 미국과 독일, 그리고 스웨덴에 적어도 세 명의 자식을 남겼다. 사실 그의 자식이 몇인지는 아무도 모른다. 밀러는 만일 그가 산아 제한이 손쉬

워지기 이전 시대에 살았더라면 얼마나 더 많은 자식을 낳았겠느냐고 묻는다.

한국학술협의회의 석학 강좌 시리즈에 초대받아 우리나라를 다녀간 적 있는 철학자 대니얼 데닛은 영국의 진화생물학자 리처드 도킨스가 『이기적 유전자 The Selfish Gene』에서 소개한 '선전자宣傳子, meme' 개념을 가지고 음악의 진화를 설명한다.[1] 선전자란 오로지 부모로부터 자식에게 종적으로만 전달되는 유전자遺傳子, gene와 달리 한 세대 내에서 횡적으로도 전파될 수 있는 진화의 단위를 말한다. 데닛에 따르면 음악은 유전자보다 훨씬 빠른 전파 속도를 지닌 선전자에 의해 진화했다.

옛날 동굴 시대의 어느 남자가 우연히 나무 막대기로 통나무를 두들기기 시작했다고 상상해 보자. 그가 두들기던 리듬 중 어떤 것이 다른 사람들에게도 그럴듯하게 들려 점점 많은 남자들이 그 리듬을 두들기기 시작하고 그들 주변에 점점 더 많은 사람들이 모여들기 시작한다. 그러다 보면 점점 더 넓은 지역에서 보다 많은 사람들이 비슷한 리듬으로 통나무를 두들기게 될 것이다. 이 리듬이 바로 일종의 선전자이다. 여기서 데닛의 가설은 유전자의 도움을 청한다. 선전자 메커니즘의 부산물로 이 리듬을 가장 멋들어지게 두들기는 남자는 사회적으로 인정을 받게 되며 그 리듬에 매료된 여인들에게 호감을 주게 될 것이다. 시간이 흐르면서 처음에는 단순했던 리듬이 점점 더 복잡한 음악으로 발전할 것이며 보다 멋진 음악을 만들어 내는 남자들은 도

---

[1] Daniel Dennett. 1996. *Darwin's Dangerous Idea: Evolution and the Meanings of Life*. New York: Simon & Schuster.

다 많은 관심을 끌게 될 것이다.

데닛이 유전자뿐 아니라 선전자의 개념을 빌어 음악의 진화를 설명하는 이유는 바로 선전자의 엄청난 전파 속도에 있다. 동굴 시대 이래 우리의 유전자는 사실상 그리 큰 변화를 겪지 않았다. 그럴 만한 시간적 여유가 없었다. 하지만 음악은 다르다. 지난 1,000년만 보더라도 음악은 그레고리오 성가에서 바흐와 베토벤을 거쳐 말러와 쇤베르크는 물론, 엘비스와 비틀즈, 그리고 마이클 잭슨에 이르기까지 실로 엄청난 '진화'를 거듭했다. 근래에 와서는 예전에 비해 훨씬 더 광범위하게 문화의 경계를 넘나들며 바야흐로 '세계 음악의 시대'에 접어들었다.

영국 리버풀대학교의 진화생물학자 로빈 던바Robin Dunbar는 음악이 언어와 마찬가지로 집단 구성원 간의 결속을 강화시켜 주는 일종의 '상호 털고르기mutual grooming' 기능을 한다고 설명한다.² 침팬지를 비롯한 대부분의 영장류 동물들이 서로 털을 손질해 주며 관계를 돈독히 한다는 것은 이미 잘 알려진 사실이다. 던바는 언어란 결국 서로 털고르기를 하며 세상 돌아가는 얘기를 하기 위해 진화했다고 주장한다. 음악 역시 상당히 대규모로 동료 의식을 고취하고 결속을 다지는 데 사용된다. 우리들 대부분은 「아침 이슬」과 「오 필승 코리아」를 부르며 서로 어깨동무가 되어 본 경험을 갖고 있다.

던바의 가설은 최근 대표적인 집단선택론자인 데이비드 슬론 윌

---

2 Robin Dunbar. 1998. *Grooming, Gossip, and the Evolution of Language*. Cambridge, Massachusetts: Harvard University Press.

슨David Sloan Wilson에 의해 새롭게 포장되어 부활했다.[3] 음악 활동은 개인에게는 손해를 끼치지만 집단 전체에는 이득을 제공하기 때문에 자연선택되었다는 윌슨 특유의 논리로 던바의 개체선택 이론에 야릇한 지지를 보냈다. 그러나 이는 이미 제기된 윌리엄 해밀턴의 혈연선택 이론으로 충분히 설명 가능하다. 인간은 진화의 역사 대부분을 가까운 친족들로 이루어진 소규모 집단에서 생활했기 때문에 설령 음악 활동으로 인해 자신에게는 손해가 되고 다른 사람들에게 도움이 되는 경우가 있더라도 그것은 결국 유전자의 관점에서 볼 때 '이기적인' 행동인 셈이다. 음악의 진화에 구태여 집단선택group selection 이론을 끌어들일 까닭이 있을지는 좀 더 생각해 볼 일이다.

 그리 큰 호응을 얻고 있는 것은 아니지만 그래도 꼭 짚고 넘어가야 할 가설로 이른바 '자장가 가설'[4]이 있다. 칭얼대는 아기를 달래기 위해 흥얼거리기 시작한 자장가로부터 음악이 탄생했다고 설명하는 가설이다. 엄마와 아기의 유대 관계는 모든 인간 문화권에 존재하며, 음악에 대한 관심은 아주 어렸을 때부터 나타나고, 어린 시절 습득하는 언어와 관련하여 음악을 담당하는 뇌 영역이 언어 영역과 매우 밀접하게 연결되어 있다는 점에서 이 가설의 타당성은 충분히 고려할 만하다고 생각한다. 다만 인간을 제외한 그 어느 영장류 동물에서도 자장가와 흡사한 그 어떤 흥얼거림도 관찰된 적이 없다는 점에서 진화생

---

3   데이비드 슬론 윌슨, 김영희 옮김 『진화론의 유혹(*Evolution for Everyone*)』(북스토리, 2009).
4   Trehub, S. E. 2003. "Musical predispositions in infancy: an update." In I. Peretz and P. J. Zatore (eds.), *The Cognitive Science of Music*, Oxford: Oxford University Press, pp. 3-20.

물학적 가설로는 부족한 부분이 있어 보인다.

마지막으로 소개할 가설은 『언어 본능The Language Instinct』과 『빈 서판The Blank State』의 저자이자 하버드대학교 심리학과 교수인 스티븐 핑커Steven Pinker가 주장하는 것인데, 위의 가설들과 달리 독특하게도 비적응주의적인 가설이다. 일명 '치즈케이크 가설'이라 불리는 그의 가설에 따르면, 배꼽이 탯줄이라는 적응의 부산물에 지나지 않는 것처럼 음악이란 그저 다른 목적으로 진화한 우리 두뇌의 어떤 메커니즘의 우연한 그러나 "행복한" 부산물에 불과하다.[5] 음악은 그저 '귀로 듣는 치즈케이크auditory cheesecake'라는 것이다. 치즈케이크는 달고 기름진 음식을 좋아하게끔 진화한 우리 신경 회로를 보다 효율적으로 자극하도록 제작된 인공물일 뿐 생존과 번식에는 전혀 도움이 되지 않는다.

진화심리학은 인간의 마음이란 어느 한 가지 기능만을 위해 진화한 것이 아니라 우리가 살아가야 하는 이 세상 문제들을 모두 다뤄야 하는 '다목적 사고 장치all-purpose reasoning device'라고 믿고, 이를 해결하기 위해 두뇌는 각각의 기능을 담당하는 여러 '모듈'들로 구성되어 있다고 설명한다. 그렇다면 기왕에 다른 기능을 위한 모듈을 설정한 다음 그것의 부산물로서 음악을 설명한 까닭은 무엇일까? 음악 또는 예술을 담당하는 모듈을 가정하지 않는 핑커의 가설이 제시하는 '특별한' 이유들이 내게는 그리 설득력 있어 보이지 않는다.

음악을 비롯한 온갖 형태의 예술은 모두 그 기원을 찾기가 쉽지

---

[5] 스티븐 핑커, 김한영 옮김 『마음은 어떻게 작동하는가(How the Mind Works)』(소소, 2007).

않다. 동물 세계에서 기원의 힌트를 얻는 노력에도 한계가 있다. 지금 이 순간 비교해 보면 그들의 '음악'과 우리의 음악에는 그 구조의 복합성이나 기능에서 엄청난 차이가 존재하는 게 사실이다. 하지만 우리 인간만 갑자기 창조주에 의해 하늘에서 뚝 떨어진 게 아니라면 우리와 오랜 진화의 역사를 공유해 온 우리 사촌들의 삶을 기웃거리는 것이 전혀 쓸모 없는 일은 아닐 것이다. 음악이 어떻게 해서 생겨났고 왜 지금도 여전히 우리와 함께하고 있는지를 이해하려면 궁극적으로 음악인들과 자연과학자들이 이마를 맞대야 한다. 학제적 또는 통섭적 연구가 진정 화려한 꽃을 피울 주제가 있다면 음악의 진화가 그중 하나일 것이다.

이런 맥락에서 볼 때 최근 들어 부쩍 활발해진 음악학과 뇌과학의 만남은 괄목할 만하다. 우리말로 번역되어 나온 책만 보더라도 『음악은 왜 우리를 사로잡는가 Music, the brain, and ecstasy: how music captures our imagination』를 시작으로 『음악은 왜 인간을 행복하게 하는가 音樂はなぜ人を幸せにするのか』, 『뇌의 왈츠 This is your brain on music』, 『뮤지코필리아 Musicophilia』 등 실로 다양하다. 우리말로 번역되진 않았지만 "Math and Music", "The Math Behind the Music", "Musimathics I&II" 등 오랜 전통의 음악과 수학의 연구가 "Statistics in Musicology", "Music and Probability" 등 통계학으로 확대되는 과정을 보여 주는 책들도 속속 출간되고 있다. 다윈이 만일 지금도 살아 있다면 음악의 기원과 진화는 그의 연구 주제 목록의 맨 위에 놓여 있을 것이다.

다윈과 지질학

장순근

서울대학교 지질학과를 졸업하고 동 대학원에서 석사학위를 받았다. 프랑스 정부 장학생으로 프랑스 보르도1대학교에서 박사학위를 받았으며 해양연구소 선임연구원을 거쳐 현재 한국해양연구원 극지연구소 경예연구원으로 재직하고 있다. 우리나라 남극 연구를 개척한 공로로 1986년 국민훈장 목련장을 받았으며 1994년에 『비글호 항해기』로 한국출판문화상을 수상했다. 『남극 탐험의 꿈』, 『야! 가자, 남극으로』, 『바다는 왜?』를 포함해 많은 책을 저술하였다.

지구의 역사를 통해
생명의 역사를 읽어 내다

장순근

『종의 기원』, 곧 생물의 진화 이론으로 유명한 다윈은 박물학자로서 생물학뿐만 아니라 지질학에도 조예가 깊었다. 당대 최고의 지질학자였던 찰스 라이엘의 저서 『지질학 원론』을 비글호 항해 도중 읽고 크나큰 영향을 받았음은 본인 스스로도 수차례 밝힌 바 있지만, 다윈은 실로 이 책을 통해 지구상에서 일어나는 많은 지질 현상과 그 원리들을 이해하게 되었다. 또한 비글호 항해에서 돌아와 1839년에 발간한 『비글호 항해기』The Voyage of the Beagle』 초판에서 "지질학"을 "박물학"보다 앞서 쓴 점 당시 제목은 "Journal of Researches into the Geology and Natural History of the various countries visited by H.M.S. Beagle"이었다.에서 다윈이 지질학을 무척 중요하게 생각했음을 미루어 짐작할 수 있다. 1845년에 발간된 2판에서는 둘의 순서가 바뀌었다.

사실 다윈은 에든버러대학교에서 의학을 배울 당시 지질학 교수의 어처구니없는 강의를 듣고 지질학은 하지 않겠다고 다짐을 했다고 한다. 지질학 교수가 "화강암을 비롯한 모든 바위는 물속에서 생긴다."고 강의했기 때문이다. 당시에는 바위가 생기는 과정을 설명하는 이론

167

으로 수성론水成論과 화성론火成論이 팽팽히 맞서고 있었다. 수성론은 바다에 가라앉은 모래와 자갈이 굳어져 바위가 된다는 주장이며 화성론은 땅속 깊은 곳에서 바위들이 만들어진다는 주장이다. 전자는 오늘날의 퇴적암의 성인이며 후자는 화성암의 성인이다.

다윈은 에든버러대학교를 그만 둔 뒤 케임브리지대학교에 가서도 처음에는 지질학에 흥미가 없었다. 그러나 마지막 학기에 식물학 교수이면서 광물학에도 조예가 깊었던 존 스티븐스 헨슬로John Stevens Henslow의 조언으로 당시 영국 최고의 지질학자였던 애덤 세즈윅을 따라 웨일스 지방의 지질을 조사하면서 지질학에 대한 이해를 넓히게 되었다. 다윈은 그와 함께 지질 조사에는 직관력直觀力이 필요하다는 것을 배웠다. 지층과 기반암의 대부분이 흙이나 풀로 덮여 있을 때, 눈에 띄는 노두露頭, 암석이나 지층이 흙이나 식물 등으로 덮여 있지 않고 지표에 직접적으로 드러나 있는 곳 몇 개로 지층의 발달과 분포를 유추하고 해석해 낼 수 있는 것은 바로 지질학자의 직관력이다. 그런 점에서 다윈은 지질학에 대한 소양을 타고났다고 볼 수 있었다.

다윈은 1831년 12월 27일 비글호에 몸을 싣고 영국을 떠나 대서양을 내려오던 중 카보베르데Cape Verde 제도의 작은 섬인 산티아고St. Jago에 첫발을 내디뎠다. 그곳에서 다윈은 섬의 바위와 지층이 형성된 과정과 순서를 설명해, 지질학에 대한 능력을 보이기 시작했다. 다윈이 지질을 조사하고 기록하는 것을 눈여겨본 로버트 피츠로이Robert FitzRoy 함장이 "책으로 쓸 가치가 있다."고 말했고, 다윈은 귀국 후 남아메리카와 대서양 화산섬의 지질학에 관한 각각의 책을 냈다.

다윈은 남아메리카에서 지질학에 대한 새로운 눈을 떴다. 1832년

9월 하순에는 아르헨티나 바이아블랑카Bahia Blanca 부근 푼타알타Punta Alta에서 한때 그곳에서 번성했으나 지금은 멸종된, 아홉 종種의 매우 큰 포유동물들의 화석을 발견했다. 하느님이 창조한 모든 생물들은 그대로 살아 있으며 멸종된 생물이란 존재하지 않는다는, 당시를 지배했던 관념에 반하는, 생물은 환경이 변하면서 서서히 죽어 없어진다는, 즉 멸종한다는 고생물학의 진리를 터득하게 된 것이다.

적막함과 황막함이 전부였다. 그런데도 근처에 밝은 물체 하나 없는 이 풍경들을 지나가는, 뚜렷하게 정의하지는 못하겠지만, 강렬한 기쁨이 생생하게 느껴졌다. 그 평원이 얼마나 오래되었고 그 상태로 얼마나 오래 계속될 것인가 의문이 떠올랐다.

—『비글호 항해기』 중에서

1833년 12월 28일에는 남아메리카 남부에 있는 파타고니아Patagonia에 올라 가없이 넓고 평탄한 지층과 해안 단구들을 살펴본 후 지층이란 융기할 수 있고 지질 시대를 통해 그토록 넓은 지역을 모두 덮을 정도의 엄청난 양의 자갈이 생긴다는 것을 이해했다. 다윈이 생각했던 자갈층은 평균 폭 200해리370킬로미터, 평균 두께 15미터로 콜로라도 강Rio Colorado 근처에서 남쪽으로 600~700해리1,100~1,300킬로미터 계속되는 것이었다. 물론 다윈은 직접 관찰한 노두에 근거해 파타고니아 전체가 자갈층으로 뒤덮여 있다고 생각했다. 그러나 그 후 수많은 지질학자들이 관찰한 결과, 실제는 그렇지 않다는 것이 밝혀졌다. 예를 들어, 다윈이 1834년 1월 중순에 찾아갔던 파타고니아 푸에르토데서

아도Puerto Deseado의 서쪽에는 아르헨티나 국립 규화림규화목이 숲을 이룬 공원이 있는데 그 일대에는 상당 부분 화산암이 분포한다. 그래도 다윈이 보았고 유추했던 기본 내용은 정확했으며, 만일 다윈이 해안 몇 곳에 올라 전체를 유추하지 않고 규화목 산지까지 방문했다면 지금의 지질학자들이 내놓은 해석에 더 근접한 해석을 내놓았을 것이다.

1835년 2월 20일 칠레의 항구 도시 발디비아Valdivia를 방문했을 때는 지진으로 무너진 성당의 벽들을 살펴보고 지진이 전파된 방향을 추정했다. 또한 지진성 해일이 해안을 덮치는 광경을 상세하게 묘사했으며, 나아가 화산과 산맥의 분포와 화산 폭발과 지진이 일어나는 현상들을 종합해서 설명했다. 즉 이들이 각기 개별 현상이 아니라 땅속 깊은 곳에서 일어나는 관입과 지층의 융기, 습곡, 단층, 용암 분출 같은 지질 현상들이 복합되어 서로 긴밀하게 얽혀 나타난다고 설명해, 현대 지질학과 동일한 설명을 내놓았다.

> 눈부시게 맑은 공기와 새파란 하늘, 깊은 골짜기와 울퉁불퉁한 지형, 시간이 가면서 높게 쌓인 바위들, 눈 덮인 조용한 산과 대조되는 새빨간 색깔의 바위들, 이 모든 것이 얽히어 누구도 상상하지 못할 장관을 연출했다……. 혼자 있다는 게 기쁘게 느껴졌다. 번쩍거리는 뇌우를 보거나, 빠진 이 하나 없는 관현악단에 맞추어 부르는 메시아 합창을 듣는 것 같았다.
>
> ―『비글호 항해기』 중에서

1835년 3월 중순부터 4월 초순에 걸쳐서는 4,000미터가 넘는 안

데스 산맥을 넘었다. 그때 자갈들이 덜그럭거리면서 굴러 내려가는 소리를 듣고 높은 산맥이 침식되어 자갈과 모래로 될 수 있다는 사실을 깨달았으며, 바위 속에 있는 조개 화석을 보고 그 지역이 엄청난 깊이를 가라앉았다 솟아올랐다는 것을 알았다. 또한 지질 현상에는 오랜 시간이 필요해, 지구 역사는 당시 교회가 주장하는 대로 6,000년이나 1만 년이 아닌, 그보다 훨씬 오래되었을 거라 굳게 믿게 되었다. 현재는 지질학의 발달로 다윈의 이해가 무척 당연한 듯 여겨지지만 당시만 해도 이는 무척 대단한 발견이었다.

다윈은 대양에 흩어진 산호초珊瑚礁들의 형성 과정을 훌륭하게 설명했다. 섬이 가라앉으면 산호는 위로 올라가며, 그때 섬이 산호초의 가운데에 남아 있으면 보초堡礁, barrier reef고, 섬이 완전히 가라앉아 산호초만 반지처럼 남아 있으면 환초環礁, atoll, 반대로 섬이 솟아오르면 산호가 깊은 곳으로 내려가면서 산호초가 해안에 바짝 붙어 생기면 거초裾礁, fringing reef가 된다. 얕고 따뜻하고 깨끗한 바닷물에서만 사는 산호는 서식하기에 가장 좋은 환경을 찾아서 살아가는 강장동물이다. 다윈은 산호의 생태와 해저의 움직임을 이해해, 산호초의 형성 과정을 그 모양에 따라 훌륭하게 설명했던 것이다. 이러한 지질학 이해가 바탕이 되었기에 다윈은 마침내 갈라파고스Galapagos 제도에서 거북의 등껍데기와 핀치새의 부리를 관찰한 후 생물이 진화한다는 사실을 받아들일 수 있었다.

다윈은 『비글호 항해기』를 포함하여 생전에 25권의 책을 발간했는데 그중 몇 권이 지질학과 관련된 내용을 담고 있다. 곧, 『산호초의 구조와 분포』1842년와 『화산섬에서 관찰한 지질학 내용들』1844년, 『남아메리카에서 관찰한 지질학 내용들』1846년이 바로 그 책들이다. 1851년에는 절지동물에 속한, 살아 있는 따개비와 따개비에 속하는 레파디대Lepadidae의 화석에 관한 두 책세 권을, 1854년에는 화석 따개비와 따개비에 속하는 발라니대Balanidae의 화석에 관한 두 책세 권을 발간했다. 그리고 다윈의 대표 저서인『종의 기원』에서는 9장과 10장에서 각각 화석으로 산출되는 고생물들에 관한 기록의 불완전성과 고생물들의 출현과 변화라는, 지질학에 관련된 내용을 이야기하고 있다.

다윈은 1836년 10월 귀국한 뒤 그간의 수고와 실력을 인정받기 시작했다. 1838년 2월에는 영국지질학회 총무가 되었으며 1839년 1월 24일에는 영국왕립학회 특별회원이 되었다. 이어서 29일에는 외사촌 누나 엠마 웨지우드Emma Wedgwood와 결혼했다. 그 무렵 남아메리카에서 걸린 풍토병의 증세가 나타나기 시작해, 1841년 2월에는 지질학회 총무직을 사임하고 1842년 9월 런던 근교 다운Down으로 이사했다.

다윈의 병에 대한 해석으로는 여러 주장이 있지만, 그가 안데스 산맥을 넘어 아르헨티나 멘도사Mendoza 부근의 작은 마을 룩산Luxan에 갔을 때 벤추카benchuca라는 침노린재Reduviidae과科의 일종인, 빈대 계통의 곤충에게 물려서 남아메리카 수면병인 샤가스Chagas 병에 걸렸다는 것이 가장 설득력이 있다. 브라질의 내과 의사 카를로스 샤가스Carlos Chagas가 1909년 이 병의 원충原蟲인 트리파노소마 크루시Trypanosoma cruzi를 발견해 샤가스 병이라 이름 붙여진 이 병은 어린아이에게는 생명을 앗아 갈 정도로 무섭지만 어른에게는 만성 소화불량에다 어지럽고 나른한 상태가 평생 지속되는 고생스럽기만 한 병이다. 다윈을 곁에서 많이 도왔던 셋째 아들 프랜시스 다윈Francis Darwin이 "거의 40년 동안 그는 보통 사람과 달리 건강했던 날이 하루도 없었다. 그의 삶은 일생 피로와 질병의 중압과 싸운 것"이라고 말했을 정도로 다윈은 만성인 이 질병에 시달렸다. 1838년 6월 스코틀랜드에 다녀온 이후로는 장거리 여행을 하지 못했으며, 야외 조사를 할 수 없는 대신 집에서 비둘기를 기르거나 식물을 키웠고 벌이나 지렁이 같은 생물들과 살아 있는 따개비와 화석 따개비를 관찰하고 글을 쓰며 일생을 보냈다.

다윈이 1882년 4월 19일 세상을 떠난 다음, 산호초는 다윈이 말한 "가라앉는 섬"이 아닌 "이미 가라앉은 섬"에서 생긴다는 주장이 나왔다. "가라앉은 섬"에 해양 생물들의 시체가 쌓여 산호가 서식할 만한 깊이가 되면 산호초가 생긴다는 것이었다. 이 주장을 한 사람은 1872년부터 1876년까지 챌린저호를 타고 전 세계 바다를 돌며 해양학의 기초를 닦은 당대 최고 해양생물학자인 존 머레이John Murray 경이었다. 그의 주장을 확인하고자 영국왕립학회는 1897년에서 1898년에 걸쳐 남서 태평양의 푸나푸티Funafuti 환초를 굴착하기에 이르렀으나 당시 기술로는 330미터 깊이 정도만을 파악할 수 있을 뿐이었다. 제2차 세계 대전이 끝난 후 미국이 수소 폭탄 실험을 하면서 중서부 태평양 비키니Bikini 환초와 에니웨토크Eniwetok 환초를 굴착했다. 비키니 환초에서는 770미터 깊이까지 산호 바위만 나왔고 에니웨토크 환초에서는 1,280미터 깊이까지 산호 바위가 나온 후 에오세5,580만 년 전부터 3,390만 년 전까지에 만들어진 화산암 바닥에 닿을 수 있었다. 시간이 가면서 같은 결과들이 모였다. 예컨대, 마샬Marshall 군도에서 남동쪽으로 8,000킬로미터 떨어진 투아모투스Tuamotus 군도에서도 에니웨토크 환초와 비슷한 결과가 나왔으며, 하와이 제도와 피지 제도에서도 같은 결과가 나왔다. 머레이의 주장과 달리, 해양 생물들의 사체가 굳어진 바위는 나타나지 않았다. 다윈이 옳았음이 증명된 것이다.

다윈은 대륙 이동설이나 해저 확장론, 판 구조론, 맨틀의 열대류熱對流처럼 현대 지질학에서 널리 인정되고 사용되는 이론들은 알지 못했지만, 책을 통해 배운 기초 원리들에 입각해 자신이 직접 관찰하고 느낀 지질 현상들을 그 이론들에 부합되게 설명했다. 지구의 역사와 관련한 이러한 지질학 이해가 바탕이 되었기에 생명체 진화를 설명하는 혁명 같은 이론을 내놓을 수 있었던 게 아닐까 한다.

다윈과 환경

강호정

서울대학교 미생물학과를 졸업하고 동 대학교 환경대학원에서 도시계획학으로 석사학위를 받은 후 영국 웨일스뱅거대학교에서 이학박사학위를 받았다. 이화여자대학교 환경공학과 교수를 거쳐 현재는 연세대학교 사회환경시스템공학부 교수로 재직 중이다. 『다윈의 대답 3: 남자 일과 여자 일은 다른가』를 번역하였으며, 『과학 글쓰기 잘하려면 기승전결을 버려라』를 저술하였다.

환경 위기의 해결책은 다윈 안에 있다

강호정

생태학과 다윈주의

생태학이란 생물 개체 이상의 수준에서 생물체와 환경, 그리고 생물체 간의 상호 작용 및 그 결과로 나타나는 생물체의 분포 양상과 생태계의 기능을 다루는 학문이다. 이러한 상호 작용으로 나타나는 진화 또한 생태학의 중요한 연구 주제 중 하나이며, 이 진화의 기작에 대해서는 150여 년 전 다윈이 혁명적인 원리를 밝혀내었다. 이와 같은 사실들을 생각해 보면, 생태학의 근본 원리 중 하나인 다윈주의는 환경 문제와 관련된 논의들과 깊은 연관이 있을 것으로 생각되기 쉽다. 기실 환경 문제에 대한 철학적 사조의 하나인 '생태 근본주의deep ecology'도 다윈주의와 환경 문제가 깊은 연관이 있을 것이라는 추측에 힘을 보태고 있다. 하지만 여기서 '생태'라는 단어는 생물학의 한 분과로서 생태학을 말한다기보다 '인간 중심'에 반하는 의미로 사용되는 개념이다.

이러한 일반적인 추측과 달리 다원주의 자체는 환경 문제에 대한 연구나 철학적 논의에 있어서 배제되거나 오히려 배척해야 할 대상으로 평가되며, 때로는 현대의 환경 문제에 대해 별로 언급할 내용이 없는 것으로 평가되기도 한다. 그 이유는 다원주의가 우파의 정치적 논리로 이용되기도 했다는 점과, 인간의 지위와 관련해서 다원주의에 대해 두 가지 극단적인 오해가 자리 잡고 있기 때문이다.

환경 문제와 연관된 다원주의의 두 가지 오해

환경 문제와 연관하여 다원주의에 대한 첫 번째 오해는 인간의 일반적 지위에 관한 것이다. 진화론에 따르면 인류, 호모 사피엔스는 조물주의 모습을 한 특별한 존재가 아니라, 지구상에 존재하는 수많은 종들 중 하나일 뿐이다. 다만 뇌수가 특이하게 많이 진화하여 다른 생물들과 차이를 나타내고 있을 뿐이다. 즉, 인간이라는 것은 다원이 그렸던 '생명의 나무'에서 한 끝자락일 뿐인 것이다. 이를 확대 해석하여 인류가 고민하는 환경 문제라는 것도 지질학적 긴 시간과 전 지구라는 큰 규모에서 생각하면 별것이 아니라고 주장하는 학자들이 있다. 즉, 현생 인류가 지구상에 등장한 것은 20만 년에 지나지 않으며, 생물의 멸종이나 대기 조성의 변화 등 인간이 일으키고 있는 환경 문제들은 긴 지질학적 시간에서 살펴보면 이미 수차례 등장했던 문제라는 것이다.

그러나 이러한 주장은 인류가 일으킨 문제의 질과 시간적 규모에 대해 잘못된 이해에 근거하고 있다. 실상은 인류는 짧은 시간 동안 매우 큰 변화를 지구에 야기했으며 이는 지구상에 존재했거나 존재하고 있는 어떤 종도 비교할 수 없는 규모이다. 예를 들어 인류는 전 지구의 순 일차 생산(net primary production; NPP), 즉 식물이 광합성하여 유기물로 합성한 물질의 약 40퍼센트를 자신만을 위해 이용하고 있고, 담수 수자원의 45퍼센트를 농업용수, 공업용수, 생활용수 등 다양한 용도로 독점 사용하고 있다. 이뿐 아니다. 적어도 1만 년 동안 일정한 농도를 유지했던 대기 중의 CO_2, CH_4, N_2O 등의 농도를 산업 혁명 이후 단 250여 년 만에 급격히 변화시켰다. 또 지난 수십 년간의 산업화와 농업 발전으로 인해 자연계 전체에서 고정되는 질소의 양 130×10^{12}그램보다 더 많은 양을 비료, 화석 연료 연소, 콩과 식물의 재배 등을 통해 자연계로 유입하고 있다.

인구수의 급격한 증가도 어느 종에서도 발견하기 어려운 현상이다. 현재의 인구수는 60억에 달하고 있지만, 인구 증가율의 둔화에도 불구하고 인구수는 다음 반세기 내에 70~110억에 달할 것으로 예상되고 있다. 또 절대 인구수뿐 아니라 일인당 자원 소비량도 급격히 증가하고 있다. 인간의 산업 활동은 지구상의 생물체들이 한번도 접해 보지 못했던 새로운 화학 합성 물질을 매일 자연계로 쏟아 내고 있다. 이러한 파괴 활동으로 인해 토양, 대기, 수질의 오염뿐 아니라, 생물 멸종, 부영양화, 기후 변화 등과 같은 심각한 환경 문제를 일으키고 있다. 따라서 인류는 다른 생물 종들과 마찬가지로 진화의 산물임에 틀림없으나 다른 생물 종과는 구별되는 매우 독특한 특성을 가지고 있다. 그것은 지구에 현존하는 다른 생물체 전체의 존재를 위협할 수 있는 종이라는 점이다. 환경 문제도 이러한 인류의 독특한 진화적 특성에 근거하여 이해해야만 한다.

또 다른 한 가지 잘못된 이해는 다른 극단에서 찾을 수 있다. 만일 인류가 진화의 최종 산물로서 발달한 전두엽과 이를 통해 다양한 기술과 경제를 만들어 냈다면, 이는 진화의 자연스러운 단계로 인류가 지구의 자원을 자신을 위해 이용하는 것은 생물의 자연스러운 본능이라는 주장이 있다. 모든 생물들은 자신의 생존과 번식을 위해 투쟁하고, 환경에 가장 잘 적응하는 개체나 종이 우점하게 된다는 사실을 받아들인다면 인류도 자신의 이익을 위해 다른 종이나 타인을 희생시키는 것이 당연하다는 것이다. 즉, 인류가 이렇게 진화해 온 것을 자연스럽게 받아들여야 한다는 것이다. 그러나 다윈주의 연구들에서 제시된 증거들을 보면 어떠한 생물도 자신의 생존과 번식을 위해 무조건적인 경쟁과 타 종의 파괴를 자행하고 있지 않다.

'공유지의 비극'과 환경 문제

다윈주의와 환경 문제에 대해 더 논의를 진행하기에 앞서서 먼저 환경 문제의 본질에 대해 간략히 살펴보고자 한다. 우리가 직면하고 있는 환경 문제의 원인을 쉽게 이해할 수 있는 용어로 "공유지의 비극 The tragedy of commons"이라는 말이 있다. 이 말은 개릿 하딘 Garrett Hardin 이라는 학자가 인류가 환경을 파괴하게 만드는 기작을 설명하기 위해 사용한 비유로 환경 문제의 원인을 쉽게 설명하는 데 널리 사용되고 있다.

여기서 'Commons'는 아무나 와서 양을 먹일 수 있는 공유지를 말한다. 이 땅은 아무도 소유하고 있지 않고 따라서 누구든지 사용할 수 있는 지역이기 때문에 개개의 농부는 자신의 이익을 극대화하기 위해 더 많은 수의 양들을 공유지로 끌고 와서 풀을 뜯게 할 수 있다. 게다가 이 공유지의 이용에 대해 아무런 비용도 지불하지 않기 때문에 개개의 농부에 있어서 가장 합리적인 선택은 가능한 많은 양을 끌고 와서 최대한으로 먹이는 것이다. 이러한 행동들이 누적되면 결국에는 공유지는 더 이상 풀이 자라지 못하고 결국에는 아무도 양을 키울 수 없는 비극적인 상태tragedy가 된다.

환경 문제도 이와 마찬가지다. 개별 기업이나 개인들로서는 비용을 지불하지 않는 한 자연 자원을 최대한 이용하고 부산물로 생성되는 오염 물질을 최대한으로 배출하는 것이 이익을 극대화시키는 방법이다. 대부분의 공공재, 즉 공기, 물, 토양 등에 대해서 꼭 비용을 지불할 필요 없이 필요한 만큼 사용할 수 있다. 각 기업으로서는 맑은 공기와 물을 실컷 사용하여 상품을 최대한으로 생산하고 부산물로 나온 오염 물질은 자연계에 배출해 버리면 된다. 결국은 지구의 환경이 파국으로 치달을 때까지 오염을 지속하게 된다는 것이다. 이를 막기 위해 여러 가지 협상, 법률, 경제적 유인 등을 동원하고 있지만 공유지에 사용료를 부가하는 것은 쉬운 일이 아니다. 예를 들어, 공기 중에 있는 산소를 사용하는 것에 대해 누구도 가격을 지불하지 않으며, 화석 연료를 사용하고 내뿜는 CO_2에 대해 아직은 아무도 비용을 요구하지 않는다.

생물들은 '비극'을 어떻게 피하고 있나?

인간과 달리 다른 생물들은 고도의 사고 작용이나 의사소통 능력을 가지고 있지 못하다. 그렇다면 모든 생물들이 자신의 이익, 좀 더 구체적으로는 자신의 유전자를 남기기 위해 어떠한 행위라도 한다면 어떻게 '공유지의 비극'을 피할 수 있는가? 다윈주의의 새로운 발견들은 공유지의 비극을 막는 진화적 기작들을 속속 밝혀내고 있다.

먼저 생태학자들은 '공유지의 비극'을 "전멸 비극collapsing tragedy"과 "부분 비극component tragedy"으로 구분하기도 한다[1]. 전자는 종 전체의 멸종이 올 때까지 이기적인 개체의 활동이 계속되는 것을 말하고 후자는 전체에 대한 부분적인 피해가 올 정도까지의 이기적 행위만을 말한다. 실제 자연계에서 관찰되는 생물들의 욕심은 전멸 비극을 일으키는 경우는 많지 않고 대부분 부분 비극으로 그치며 이를 통하여 종의 멸종을 막고 있다. 즉, 대다수의 생물들은 자신이 속해 있는 종 전체가 멸종할 위기에 처할 정도까지 자원을 소비하거나 다른 종과 경쟁하지 않으며, 어떤 시점에 이르면 번식과 경쟁의 정도가 약화된다는 것이다. 도리어 지구상에서 유일하게 이성적인 종이라고 여겨지는 인류가 전멸 비극을 향해 나아가고 있는 것이 아닌가 걱정스러운 상황이다.

그렇다면 다른 종들은 어떻게 전멸 비극을 막을 수 있는 것일까? 첫째, 많은 경우에 욕심을 억제하고 개인의 이익을 제한하는 것에서

---

[1] Rankin, D. J., Bargum, K., and Kokko, H. 2007. "The tragedy of the commons in evolutionary biology." *Trends in Ecology and Evolution* 22: 643-651.

직접적인 이익이 나타난다. 예를 들어, 사막의 파수꾼이라고 불리는 미어캣의 경우, 다른 개체들을 위해 경계를 잘 서는 개체가 손해를 보는 것이 아니라 오히려 진화적으로 유익한 다른 특성들을 동시에 지니고 있는 경우가 많다. 인간 사회에 비유하자면 오염 물질을 적게 내는 기업이 단순히 손해를 보는 것이 아니라 그런 과정을 통해 생산성을 향상시키고, 자원을 효율적으로 이용하는 특성을 이미 가지고 있다고 할 수 있을 것이다.

둘째, 생물에게는 '혈연선택'이라고 하는 본능이 있다. 이것은 자신뿐 아니라, 자신과 공통된 유전자를 지닌 집단의 이익에 봉사하는 것을 말한다. 인간의 경우, 자신의 가족, 조직, 혹은 국가를 위해 개인이 희생하는 것에 비유할 수 있다. 많은 생물들은 자신의 이익뿐 아니라 자신의 친족이나 집단을 위해 희생하거나 이익을 배분하는 특성이 유전자에 각인되어 있다. 따라서 개체의 이익이나 생존뿐 아니라 타 개체에게 이타적인 행동을 하는 것도 본능적인 행동의 하나라고 할 수 있다.

셋째, 이익을 억제하도록 강제하고 이를 지키지 않을 때 벌을 가하는 경우다. 개미의 경우 알을 낳지 않고 일만 해야 할 일개미가 알을 낳는 경우도 있다. 이때는 다른 일개미들이 그 알을 먹어 치워 버린다. 바로 징벌을 가하는 것이다. 인간이 환경 문제 해결에서 가장 쉽게, 그리고 널리 사용하는 방식이다.

넷째, 이기적인 행동으로 개인의 이익을 취하는 경우에도 자원이 감소하고 자신의 이득이 증가할수록 단위 수익은 감소하기 마련이다. 이에 따라 어느 정도가 지나면 이기적인 행동이 더 이상 수익을 제공할 수 없으므로 자동적으로 감소하는 자동적인 되먹임이 생기는 것이다. 결국 자연에서는 '공유지의 비극'과 같은 파국을 막는 기작이 존재하며 이러한 기작들을 잘 이용하는 것이 환경 문제를 해결하는 열쇠로 작용할 수 있을 것이다.

환경 문제 해결에 있어서 진화심리학의 기여 가능성

공유지의 비극을 막는 기작 이외에 다윈주의가 환경 문제 해결에 더 기여할 부분은 없을까? 한 가지 가능성은 진화심리학적 연구에서 얻어진 결과를 이용하는 것이다. 현대 환경 문제의 핵심이 인간의 활동에서 유래했다면, 인간의 행동에 대한 과학적인 이해는 분명 유의미한 방안을 제시할 수 있을 것이다[2].

이와 관련하여 첫 번째 가능한 적용은 인구의 증가와 개개의 소비 성향에 대한 문제에서 찾아볼 수 있다. 환경 문제의 주원인 중 하나가 인구의 증가와 개개의 소비량 증가와 밀접하게 연관되어 있기 때문이다. 진화심리학에서 제시하는 짝짓기 전략이 인구 증가의 억제나 조절에 적용될 수 있지 않을까? 기존 이론들이 경제적으로 윤택한 국가의 소비 증가에 대해 단순히 경제적인 이론이나 개인의 심리로 설명하

---

[2] Penn, D. J. 2003. "The evolutionary roots of our environmental problems: Toward a Darwinian ecology." *The Quarterly Review of Biology* 78: 275-301.
van den Bergh, J. C. J. M. 2007. "Evolutionary thinking in environmental economics." *Journal of Evolutionary Economics* 17: 521-549.

고 있다면, 진화심리학에서는 과소비라는 것이 인간의 짝짓기 전략, 사회에서의 위계 형성 등과 밀접하게 연관되어 있음을 보여 주고 있다. 따라서 이러한 진화적 특성을 이해하지 못하면 인구 억제와 선진국의 소비를 억제하는 정책은 성공하기 어려울 것이다.

두 번째는 인간이 평판에 민감하게 반응하는 것을 이용하는 것이다. 예를 들어, 환경 오염자에 대한 선행 연구들을 살펴보면 단순히 벌금을 매기는 처벌보다는 이름을 공개해서 비판하는 것, 소위 '공개 망신Naming & shaming'이 더욱 효과적이라는 것이 밝혀졌다. 이를 위해서는 단순히 정부의 법적 개입보다는 자유로운 언론, 환경 NGO 등의 역할이 매우 중요하다.

세 번째는 앞서 언급한 일개미의 예에서와 같이 환경 파괴를 일으키는 주체를 처벌하는 방법이다. 이를 위해서는 한 국가 내에서 법률, 제도의 정비뿐 아니라, 국가 간의 오염 문제를 다루는 국제 협약이 매우 중요하다. 교토 의정서라 불리는 기후 변화에 대한 국제 협약이 대표적인 예이다.

넷째로는 인간이 미래 세대에 대해 어느 정도 관심을 보이는가 하는 문제다. 인간을 대상으로 한 많은 실험들을 살펴보면 인간은 장기적인 문제에 대해 상당히 비합리적인 선택들을 한다. 즉, 미래에 큰 이익이 나는 문제라 하더라도 당장의 작은 이익에 더 집착하며, 미래의 피해에 대해서도 같은 반응을 보인다. 그러나 동시에 자신이라고 하는 개체의 이익이 지속되지 못하는 경우 자손에게 많은 투자를 하는 진화적 특징을 가지고 있다. 인간의 인지적 시간 범위가 대부분 1~2세대에 그치지만 그래도 미래에 대한 어느 정도의 투자 본능이 있다는 것이 환경 문제의 파국을 막을 수 있는 희망이다. 따라서 미래 세대를 고려하는 환경 문제 해결에서는 인간의 인지적 특성에 적합한 교육, 법률, 정책 등이 효율적일 것이다.

영화 「매트릭스 The Matrix」에서 스미스 요원이 설파하였듯이, 지구상에 존재하는 생물체 중 욕심의 한정 없이 자신의 생존 근거가 없어질 때까지 환경을 파괴하는 생물은 인류와 바이러스밖에 없을지도 모르겠다. 그러나 바이러스 종들 중에도 전멸 비극을 억제하는 기작을 가진 종들이 있다. 인류가 전멸 비극을 막아 낼 것인가 하는 문제는 전적으로 우리의 선택에 달려 있다. 그리고 해결책은 우리를 포함한 지구상에 존재하는 생물에 대한 이해에서 출발해야 하며, 그 뿌리는 다윈이 제시한 이론 속에서 찾을 수 있을 것이다.

다윈과 의학

최 재 천

서울대학교 동물학과를 졸업하고 미국 하버드대학교에서 박사학위를 받았다. 서울대학교 생명과학부 교수를 거쳐 현재는 이화여자대학교 석좌교수로 재직 중이다. 2006년 개소한 통섭원을 중심으로 자연과학과 인문학의 통섭을 여러 젊은 학자들과 함께 모색하고 있다. 한국생태학회 회장을 역임했다. 저서로 『대담』, 『개미제국의 발견』, 『생명이 있는 것은 다 아름답다』 등이 있으며 역서로 『통섭』(공역), 『인간은 왜 병에 걸리는가』 등이 있다.

다윈의학, 질병의 원인遠因을 묻다

생물학에는 두 가지 질문이 있다. 하나는 현상의 직접적 또는 근접적 원인proximate cause, 近因을 묻는 질문이고 다른 하나는 보다 궁극적 또는 진화적 원인evolutionary cause, 遠因을 묻는 질문이다. 봄가을로 철새들은 먼 거리를 이동하기 시작하는데 그들이 어떻게How 가야 할 방향과 거리를 알아내는가를 묻는 질문은 그들의 이동 행동의 근인, 즉 메커니즘을 묻는 것이다. 그러나 만일 메커니즘에 대해 충분한 정보를 얻었다 하더라도 우리는 여전히 도대체 왜Why 그들이 그 먼 거리를 이동하며 살게끔 진화했는지에 관한 궁극적인 원인을 알고 싶어 한다.

현대 의학은 우리가 어떻게 병에 걸리는지에 대해서는 상당한 지식을 축적했다. 그러나 왜 병에 걸리는가에 대한 근원적인 고민은 그리 많이 하지 않았다 질병에 관한 근인 설명은 우리 각자의 신체 메커니즘에 무엇이 잘못되었는지를 파헤친다. 질병에 관한 원인遠因 설명은 왜 사람들이 서로 다른가를 분석하기보다 우리 모두, 즉 인간이라는 종이 왜 특정한 질병들에 취약하게끔 진화하게 되었는가에 초점을 맞춘다. 도대체 왜 우리는 여전히 맹장을 갖고 있으며, 사랑니 때문에 고통스러워 하고, 계약을 위반하고 마구 분열하는 암세포 때문에 목숨을 잃어야 하는가를 묻는다.

다윈의 맏딸 애니는 열 살에 병으로 세상을 떠났지만 우리는 이제 바야흐로 평균 수명 100세 시대를 눈앞에 두고 있다. 생물학은 다윈의 진화 이론 위에 세워진 학문이다. 그런데 무슨 까닭인지 생물학과 가장 가까운 학문인 의학, 특히 서양 의학에는 다윈이 보이지 않았다. 그러다가 다윈의 딸 애니가 죽은 지 꼭 140년 만인 1991년 국제 학술지《계간 생물학 리뷰 The Quarterly Review of Biology》에 스토니브룩대학교의 진화생물학자 조지 윌리엄스와 미시건대학교 의과대학 교수 랜덜프 네스 Randolph Nesse 의 역사적인 논문 「다윈의학의 여명 The dawn of Darwinian medicine」이 출간되면서 의학에도 드디어 다윈의 햇빛이 비추기 시작했다. 네스와 윌리엄스는 1995년 『인간은 왜 병에 걸리는가 Why we get sick?』라는 책을 출간했고 나는 1999년에 이를 번역하여 우리 의학계에 소개했다.

서양 의학은 우리 몸을 사뭇 기계 다루듯 한다. 삐걱거리는 자전거 바퀴에 기름을 치듯 손쉽게 약물을 투여하고 중고 자동차에 부품을 갈아 끼우듯 장기 이식 수술까지 한다. 다윈의학은 인간의 몸과 마음도 오랜 진화의 산물임을 강조한다. 진화의 관점에서 질병의 원인들을 재분석하고 적응과 조화의 치유법을 모색하도록 권유한다. 자연선택은 애당초 우리의 건강과 장수에는 아무런 관심도 없다. 늘 병마에 시달리다 요절했을지언정 자식을 많이 낳은 사람의 유전자가 건강하게 오래 살았어도 자식을 낳지 않은 사람의 유전자보다 훨씬 더 많이 퍼진다. 건강과 장수는 번식에 유리한 한도 내에서만 자연선택의 대상이 된다. 우리를 공격하는 병원균들은 우리에게 건강의 중요성을 일깨워 주기 위해 존재하는 게 아니라 그들 자신의 번식을 위해 우리와 경쟁하며 공진화 coevolution 하고 있다. 우리보다 세대가 훨씬 짧은 그들이 만들어 내는 새로운 무기에 우리는 종종 속절없이 당하고 만다.

우리는 오랫동안 포식 동물은 상대를 곧바로 죽이지만 기생 생물은 다르다고 생각했다. 쉽사리 자기가 몸담고 있는 가주 host를 죽이는 것은 스스로 삶의 터전을 파괴하는 어리석은 짓이기 때문이다. 그렇기에 매년 세계적으로 거의 300만 명의 목숨을 앗아 가는 말라리아를 어떻게 이해해야 하나 고민해야 했다. 그러던 중 원래 벌새의 꽃가루받이 생태를 연구하다 다윈의학 연구자가 된 폴 이월드 Paul Ewald 의 명저 『전염성 질환의 진화 Evolution of Infectious Disease』의 출간과 더불어 병원균의 독성은 그 전염 메커니즘에 따라 달리 진화한다는 사실을 알게 되었다. 감기 바이러스는 감염된 사람이 너무 심하게 아파 전혀 외부 출입을 하지 못하는 것보다는 불편한 몸을 이끌고라도 자꾸 돌아다니며 다른 사람들의 얼굴에 재채기도 해 대고 콧물 훔친 손으로 악수라도 해야 다른 기주들로 옮아 갈 수 있다. 반면 말라리아 병원균은 감염된 사람이 중간 숙주인 모기를 쫓을 기력조차 없을 정도로 아프게 만드는 게 더 유리하다. 감기에 걸려 죽는 사람은 많지 않아도 말라리아는 여전히 우리 인류에게 가장 무서운 질병으로 남아 있는 까닭이 바로 여기 있다.

이런 점에서 최근 일명 조류 독감과 돼지 독감 등으로 불리는 인플루엔자의 바이러스가 창궐할 때마다 과거 스페인 독감의 경우를 들

먹이며 지나친 공포 분위기를 조성하는 세계보건기구WHO의 행동은 다윈의학의 개념을 고려하지 않은 다소 무책임한 반응으로 보인다. 안심보다는 경고가 훨씬 안전한 전략이겠지만, 방역 체계가 확립되지 않은 상태에서 속수무책으로 당한 스페인 독감 시절과 지금은 상황이 전혀 다르다. 2009년 전 세계를 뒤흔든 '신종 인플루엔자'의 국내 첫 감염자였던 어느 수녀님은 당신의 증상에 의구심이 생기자마자 스스로를 철저하게 격리시키고 자발적으로 보건 당국에 신고했다. 이처럼 인플루엔자 바이러스의 전염 경로를 근본적으로 차단하면 독성이 강한 병원균은 이미 감염시킨 숙주와 운명을 같이할 뿐이고 독성이 약한 것들만 돌아다니게 된다. 독성과 전염성은 서로 연관되어 있는 속성들이다. 남에게 폐를 끼치지 않으려는 민주 시민의 덕목만 잘 지켜도 악성 병원균의 횡포를 상당 부분 막을 수 있다.

의사들은 엉성한 '설계' 때문에 우리 몸과 마음이 온갖 질병에 시달리는 현장을 늘 보고 있다. 자연선택은 장수와 건강에 무관심할 뿐 아니라 생명체를 보다 완벽하게 만들어 주는 데에도 그리 탁월한 능력을 발휘하지 못한다. 이 점에서는 신의 형상대로 만들어졌다는 인간도 예외가 아니다. 한쪽 눈을 감은 채 연필을 반대쪽으로 움직이다 보면 정면으로부터 약 20도쯤 벗어난 지점에서 더 이상 연필 끝의 지우개가 보이지 않는다. 망막에 구멍이 뚫려 있어 생기는 맹점 때문이다. 척추도 없는 오징어, 문어, 꼴뚜기 등의 연체동물은 우리와 놀라울 정도로 비슷한 눈을 가지고 있다. 하지만 망막의 전면에 붙어 있는 시신경들을 뇌로 보내기 위해 구멍이 필요한 우리와 달리 연체동물의 시신경들은 망막의 뒷면에 붙어 있다. 우리 눈은 왜 멀쩡한 스크린에 구멍을 뚫어 놓았을까? 이런 어처구니없는 디자인 때문에 우리는 때로 시신경으로부터 망막이 떨어져 나와 안과 수술을 받아야 한다. 신은 왜 우리에게 꼴뚜기보다도 못한 눈을 주셨을까?

바로 이런 질문은 근인보다는 원인을 들여다볼 때 보다 근본적인 답을 구할 수 있다. 이유는 바로 인류가 거쳐 온 진화의 역사에 있다. 뒤집힌 망막의 설계는 인간만의 문제가 아니라 거의 모든 척추동물들이 공통적으로 가지고 있는 문제이다. 척추동물의 눈은 조상 동물들의 투명한 피부 밑에 있었던 빛에 민감한 세포들로부터 발달했다. 당연히 이 세포들에 혈관과 신경들이 연결되어 있었고, 그 시절 그 상태에서는 충분히 합리적인 설계였을 수 있다. 하지만 수억 년이 흐른 오늘에도 빛은 어쩔 수 없이 혈관과 신경들을 지나쳐야만 시각 세포에 도달할 수 있다. 문제는 조상으로부터 물려받은 설계가 마음에 들지 않는다고 해서 하루아침에 바꿀 수 있는 게 아니라는 점이다. 우리 몸과 마음에는 이처럼 역사적 제약historical constraint 또는 계통적 제약phylogenetic constraint이 적지 않다.

어처구니없는 역사적 제약 때문에 애꿎게 해마다 수많은 사람들이 기도에 음식물이 막혀 목숨을 잃는다. 갓 앞니가 나온 어린아이들이 특별히 자주 희생의 제물이 된다. 소시지나 당근을 앞니로 끊어 삼키다가 변을 당하는 일이 심심치 않게 일어난다. 미국에서는 해마다 몇 차례씩 저녁 뉴스 시간에 이른바 하임리히Hei:nlich 응급 처치를 훌륭하게 구사하여 기도가 막혀 숨을 쉬지 못하는 엄마의 목숨을 구한 꼬마들이 등장한다. 하임리히 처치법은 기도에 음식물이 막혀 캑캑거리는 사람을 등 뒤에서 감싼 채 순간적으로 그 사람의 명치를 주먹으로

압박하여 막혀 있던 음식 덩어리가 튀어나오게 하는 응급법이다. 그런데 도대체 왜 음식물이 가끔 기도를 막는 일이 발생하는 것일까? 문제는 우리 몸의 배관에 있다. 코로 들이마신 공기와 입으로 들어온 음식물이 목 부위에서 무슨 까닭인지 애써 교차하며 서로 자기 관을 찾느라 애쓰는 과정에서 벌어지는 이를 테면 교통사고들인 것이다. 입보다 위에 있는 코를 통해 들어온 공기가 애써 목의 앞쪽 관으로 올 필요가 없도록 기도가 식도 뒤에 위치하면 아무런 문제가 없었을 텐데 우리 몸은 어찌 보면 식도와 기도의 위치가 뒤바뀐 것처럼 보인다. 반면 코 밑에 있는 입을 통해 들어온 음식물은 억지로 기도의 뒤에 위치하는 식도로 방향을 잡아야 한다. 진화가 이 문제에 대해 임기응변으로 내놓은 해결책은 후두개喉頭蓋, epiglottis이다. 후두개는 우리가 음식을 삼킬 때는 기도를 막았다가 숨을 들이마실 때는 열어 주는 역할을 하기로 되어 있는데 때로 실수를 하게 되면 음식물이 기도를 막는 사고가 일어나는 것이다.

이 어처구니없는 구조적 결함 역시 조상 탓이다. 그 옛날 우리가 물고기였을 시절에는 물속에서 아가미로 호흡을 했다. 입으로 물을 들이마신 다음 아가미를 통해 뿜어 내며 산소를 걸러 마시던 물고기들 중 일부가 뭍으로 올라가기 위해 숨쉬기 운동을 시작한 것이다. 숨쉬기 운동을 하려고 생겨난 콧구멍이 배에 있는 물고기보다 등에 있는 물고기들이 훨씬 유리했을 것임은 너무도 당연한 일이다. 우리는 이때 엇갈린 두 관의 위치를 바꾸지 못한 채 대대로 물려받아 오늘에 이른 것이다. 경제적인 문제를 고려할 필요가 없다면 무슨 재료라도 가져다 가장 합리적이고 효율적인 기계를 만들 수 있는 공학자와는 달리 자연선택은 이처럼 조상으로부터 물려받은 것들을 가지고 그저 최선을 다할 뿐이다.

몇 년 전 미국 정부가 정식 질병으로 규정한 비만은 진화의 방향과 우리 스스로 만든 새로운 환경이 상충하며 생기는 현상이다. 굶기를 밥 먹듯 하던 시절 달고 기름진 음식을 선호하도록 진화한 인간이 열량이 높은 음식이 넘쳐 나고 운동량은 현격하게 줄어든 환경에 제대로 적응하지 못하고 있다. 인간이 문명 사회 속에 살아온 지난 1만 년은 괄목할 만한 진화를 기대하기에는 터무니없이 짧은 시간이다. 우리는 모두 졸지에 현대 사회에 던져진 석기 시대 사람들이다. 이런 점에서 볼 때 우울증과 온갖 종류의 중독성 정신 질환 역시 석기 시대에 걸맞도록 진화한 우리의 적응 체계와 지나치게 빨리 변해 버린 생활 환경 사이의 괴리로부터 발생하는 일종의 '문화병'이다.

언제부터인가 우리는 체온이 불편할 정도로 오르면 의사의 처방도 구하지 않고 너무도 쉽사리 해열제를 복용하고 있다. 다윈의학자들은 우리 몸이 일부러 열을 내는 경우도 있다는 사실에 주목한다. 외부로부터 들어온 병원균들을 태워 죽이기 위해 열을 올리기도 한다는 것이다. 병원균들에게는 1~3도의 온도 상승이 치명적이지만 우리 몸은 어느 정도의 고온을 견뎌 낼 수 있다. 이 같은 작전상 발열에 다짜고짜 해열제를 복용하는 것은 오히려 병원균들을 돕는 일이 될 수 있다. 증상의 어떤 면이 질병의 직접적 발현의 결과이고 어떤 면이 우리 몸의 정상적인 방어 메커니즘인지 가려내야 한다. 만일 어느 특정한 질병이 유전적 성향을 띤다면 왜 그런 유전자가 존속하는지 밝혀야 한다. 새로운 환경 요인들이 질병을 유발하는 데 기여하고 있는 것은 아닌지 검토해야 한다. 전염성 질환의 경우, 어떤 면이 기주를 돕고, 어떤 면이 병원균을 도우며, 또 어떤 면이 양쪽 모두에게 해로운지 조사해야 한다. 우리를 각종 질병들에 취약하게 만든 설계상의 타협이나 역사적 유산에 관한 연구도 중요하다.

    나는 지난 10년 동안 우리나라 거의 모든 주요 의과대학에 초청되어 다윈의학에 관한 강의를 했다. 내 강의를 들은 대부분의 사람들은 의학과 진화생물학의 만남을 소중하게 생각한다. 하지만 의과대학의 교과 과정을 바꾸는 일은 헌법을 개정하는 것만큼이나 어렵다고들 한다. 하지만 2000년대 초반 미국의 한 조사에 따르면 설문에 응한 의과대학 중 32퍼센트가 진화생물학 관련 과목들을 개설했고 16퍼센트는 진화생물학자를 교수로 채용했다고 한다. 머지않은 장래에 우리나라 의과대학들에도 본격적인 다윈 바람이 불기를 기대해 본다.

다윈과 공학

최재붕

성균관대학교 기계공학과를 졸업하고 캐나다 워털루대학교에서 공학박사학위를 받았다. 현재 성균관대학교 기계공학부 교수로 재직 중이다. '생태계 모방 기술'과 '인간 중심 학제 융합적 미래 제품 디자인' 등을 연구하고 있다.

공학의 진화, 자연과 함께하는 공학으로

디자인한다, 그러므로 나는 존재한다

"설명한다, 그러므로 나는 존재한다.Enarro, Erog Sum" 에드워드 윌슨의 『통섭』을 번역한 최재천 교수는 옮긴이 서문에서 데카르트의 언명 "생각한다, 그러므로 나는 존재한다.Cogito, Ergo Sum"의 대안으로 설명하는 인간을 제안하였다. 통섭Consilience은 모든 학문을 통합하여 다양한 현상을 설명하고자 하는 노력이며, 그것이 인간의 기본적 존재 의미와 부합함을 뜻하고자 했을 것이다.

나는 공학인이다. 공학Engineering은 사람들의 편리를 도모하기 위해 무언가를 고안해 내고 만들어 가는 것을 삶의 모토로 한다. 엔지니어에게 철학적 명제가 있다면 "디자인한다, 그러므로 나는 존재한다.Deformo, Ergo Sum"가 될 것이다. 일반적으로 인류가 행복을 추구하기 위해 무언가 만들어 내는 모든 작업을 크게 디자인이라고 정의한다면 엔지니어링은 보다 한정된 영역에서 엄격한rigorous 기술적 논거에 기초하여 인간 생활을 개선하려는 구체적 노력으로 정의되어 왔다.

전통적인 공학 분야를 살펴보면 대부분 인류를 위해 무언가 만들어 왔던 노력들을 세분화한 것이라 할 수 있다. 인류의 주거를 담당해 온 건축과 토목 분야, 에너지, 의복, 식기 등을 담당해 온 화학공학 분야, 원료로 쓰이는 인공적인 재료를 담당해 온 재료공학 분야, 이러한 기술들을 모아 하나의 구체적인 기능을 제공하는 시스템으로 만들어 온 기계 분야, 그리고 20세기 인류에게 없어서는 안 될 정보통신 기술을 담당하는 정보통신 분야가 대표적이다. 그러나 인류의 발전과 더불어 분화를 거듭해 온 공학계에서도 최근 들어서는 학문 간의 융합을 통해 새로운 시도를 모색하려는 통섭의 트렌드가 형성되고 있다. 다양한 시도 중에서 가장 큰 변화는 바로 자연에 대한 관심이다.

자연에서 얻는 지혜

지구는 수십억 년 동안 끊임없이 변화해 온 생태 시스템이다. 길고도 엄청난 역사의 풍랑에서 살아남은 생물체들은 지구 환경에 적응할 수 있는 지혜와 비결을 온 몸에 고스란히 지니고 있다. 다양한 환경에서 나름의 방식으로 적응해 살아가는 생물체를 관찰하고 연구함으로써 그들로부터 혁신적인 기술을 얻고자 하는 새로운 공학 분야가 바로 자연모사공학Biomimetic engineering이다. 곤충의 눈을 닮은 카메라, 거머리의 흡입판을 모사한 주사기, 도마뱀의 발바닥 구조를 사용해 미끄러운 유리판을 기어 올라가는 로봇, 잠자리처럼 날아가는 비행기

등 자연에서 배울 수 있는 모든 것들로부터 새로운 기술을 만들어 내는 데 많은 연구자들이 노력하고 있다.

사실 이러한 노력은 그 역사가 매우 깊다. 과거 인류가 태동한 이후 도구를 사용하기 시작했을 때부터 디자인을 배울 수 있는 대상은 자연이 유일했으므로 어찌 보면 가장 오래된 디자인 발상법이라 할 수 있다. 그런 만큼 실생활에서도 많이 찾아볼 수 있는데 의류 등에 단추를 대신해 많이 쓰이고 있는 벨크로(velcro, 통상 찍찍이라 불리는 접착테이프)의 경우 갈고리 모양의 미세 구조와 구멍 모양의 미세 구조가 서로 연결되는 끈끈이 식물로부터 힌트를 얻어 만들어 낸 제품이다. 최근 들어 관찰 기술이나 미세 구조 제작 기술이 더욱 발전함에 따라 자연으로부터 영감을 얻은 제품이 더욱 많아질 전망이다. 자연모사공학은 대표적인 학문 융합이 요구되는 분야이다. 생물체에 대한 해박하고 전문적인 지식과 이를 인공적으로 만들어 낼 수 있는 기술이 조화를 이룰 때에만 구현이 가능하다. 그러나 아직까지는 대부분의 연구 목적이 공학적 경계를 극복하지 못하고 있다. 즉, 연구에 있어서 궁극적 목표는 현재의 한계를 뛰어넘을 수 있는 새로운 기술의 개발에 있으며 이를 위해 자연으로부터 지혜를 빌려 올 뿐 자연에 대한 순수한 관심이라고 하기에는 무리가 있는 것이다.

공학적 지식을 활용한 생태계의 이해

보다 순수하게 자연 생태계의 특성을 파악하려는 연구도 점차 늘고 있다. 자연 생태계의 특성을 관찰하고 파악하는 것은 이미 오래전부터 생태학자들의 주된 관심 분야였다. 많은 생태학자들이 꿀벌들이 왜 집으로 돌아와 춤을 추는지, 개미들이 어떻게 집단을 구성해서 생활하는지 등 생태계에서 벌어지는 일들을 관찰하고 그 이유를 설명하는 연구에 매진해 왔다. 최근 공학 분야에서 발전한 기술들은 이러한 현상들을 보다 잘 이해하고 설명하는 데 많은 도움을 줄 수 있다.

나는 우연한 기회에 이화여자대학교 에코과학부에 있는 최재천 교수의 연구팀과 공동 연구를 하게 되었다. 최재천 교수가 전하는 통섭의 매력에 사로잡혀 공학과는 전혀 무관할 수도 있는 분야에 선뜻 참여하기로 한 것이다. 에코과학부에서는 다양한 생물체들이 주거지를 만들어 가는 특성을 연구하고 있다. 까치가 짓는 집은 왜 구형이 아니라 타원형일까? 개펄에 사는 세스랑게는 왜 집 입구 위에 첨탑 모양의 구조물을 쌓아 놓는 것일까? 이런 생소한 주제를 바탕으로 서로 도움이 될 만한 내용을 찾아 공동 연구를 시작했다. 그 내용을 잠깐 얘기해 보고자 한다.

우리나라 서해안 개펄에서 서식하는 세스랑게는 손톱 크기보다 조금 큰 게의 일종으로 녀석의 집은 다른 게들과 달리 개펄 위로 첨탑 모양의 구조물을 갖고 있다. 조그마한 세스랑게가 이러한 구조물을 만들려면 상당한 에너지를 소모해야 할 듯한데, 도대체 녀석은 왜 이런 걸 만드는 것일까? 진화의 관점에서 이렇게 집을 짓는 데 에너지를 소모하는 종자가 아직도 번성하고 있는 이유는 무엇일까? 이런 궁금증에서 연구가 시작되었다. 생태 연구자들은 이미 오랜 연구를 통해 집의 구조를 파악해 두었다. 세스랑게의 집은 상당히 높은 첨탑으로

되어 있고 첨탑 지붕 위로 작은 구멍이 나 있으며 별도의 출구를 갖고 있다. 민물과 썰물이 교차하고 바람이 많은 개펄의 환경에서 이러한 구조가 어떤 도움을 주는지를 알아보기 위해 기계공학에서 사용하는 정밀 기술을 적용해 보았다. 결과적으로 첨탑은 환기와 온도를 조절하는 역할을 하는 것으로 파악되었다. 두 개의 출구는 신선한 공기가 유입되는 데 도움이 되고 첨탑 끝에 있는 작은 구멍의 크기를 달리함으로써 공기 유입량을 조절할 수 있어 실내 온도 유지에 활용할 수 있었다. 또 첨탑은 여름에는 직사광선의 유입을 막아 실내를 시원하게 유지하고 겨울에는 차가운 외부 기온을 차단하는 효과를 가져왔다. 무엇보다 중요한 역할은 수분을 머금은 개펄집이 뜨거운 태양 아래 수분을 증발시켜 열기를 식혀 주는 것이었다.증발 잠열 효과 일반 개펄 표면이 40도를 오르내릴 때에도 세스랑게 집 내부는 35도 이하를 유지하는 비결이 거기에 있었다. 흙토로 지은 우리나라의 초가집이 공업용 스티로폼보다 보온과 쾌적성 유지에 훨씬 더 뛰어난 효과를 보이는 것과 같은 이치다. 아직 추가적인 실험과 해석이 필요하기는 하지만 공학적인 관점에서 가설의 타당성이 조금씩 입증되고 있다. 세스랑게 구조물에서의 공기 흐름을 유체동역학으로 해석해 본 결과, 두 개의 구멍이 환기 조절 기능을 한다는 것이 정량적으로 입증되었다. 유체동역학은 비행기나 자동차를 설계할 때 많이 사용되는 기술로 이러한 공학적 기술이 생태학적 특징을 규명하는 데에도 잘 활용될 수 있음이 증명된 것이다.

까치는 우리 주변에서 가장 흔하게 볼 수 있는 텃새로 특히 까치집은 어디서나 잘 보이도록 지어져 있어 우리에게 친근감을 주는 구조물이다. 최재천 교수 연구팀은 우리나라 까치집이 어떤 특성을 지니고 있는지에 대해서도 오랫동안 연구해 왔다. 까치는 세계적으로 많이 분포해 있지만 지역별로 집을 짓는 형태가 매우 다르다. 같은 종류인 까치가 왜 지역별로 다르게 집을 짓는지는 생태 연구자들에게 큰 관심사 중 하나이다. 우리나라 까치는 노출된 나무 위에 구형으로 된 집을 짓는 것으로 알려졌다. 그런데 이화여자대학교 에코과학부에서 많은 까치집을 대상으로 자세히 연구해 본 결과 집의 형태가 구형이 아니라 타원형이며 그 방향도 바람의 방향과 연관성을 갖는 것으로 나타났다. 타원형의 장축 방향이 지역별 바람의 방향과 거의 일치하는 것으로 파악된 것이다.

담당 연구원은 이런 형태가 과연 바람에 대한 저항을 얼마나 줄이는지, 또 실내 온도에 얼마나 영향을 미치는지를 알고 싶어 했다. 역시 유동해석 기술을 적용해서 검토해 봤다. 원형과 타원형의 격자 구조를 만들어 수많은 나뭇가지로 만든 까치집을 모델링하고 여기에 바람이 지나가는 현상을 모사해 봤다. 관찰을 통해 얻은 자료를 바탕으로 구성한 모델에서 타원형 모델은 구형 모델에 비해 실내에서의 바람 세기가 50퍼센트가량 떨어지는 것으로 나타났다. 바람에 의한 체감 온도 효과를 감안하면 겨울철 까치집의 실내는 단순히 타원형으로 집을 지은 것만으로도 약 10도 이상의 온도 상승 효과를 볼 수 있다. 북서풍이 심한 우리나라 지형에서 바람을 지혜롭게 이겨 낸 까치들만이 진화 과정을 거쳐 살아남았음을 보여 주는 증거가 아닐까? 아직 검토해야 할 사항들이 많이 남아 있긴 하지만 단지 위와 같은 사실만으로도 자연의 지혜를 느끼기에는 부족함이 없을 것이다. 인간이 겨울

내내 실내 체감 온도를 10도 올리기 위해 얼마나 많은 화석 연료를 태워 없애는지를 한번 생각해 보라.

기술이 아닌 인간과 자연이 다시 주인공으로

자연의 비밀을 찾아내는 데 공학 분야의 기술이 많은 도움이 될 수 있으며 이미 선진국에서는 다양한 연구가 진행되고 있다. 우리나라에서는 생물을 모사하는 기술 측면에서의 융합 연구는 비교적 많이 수행되고 있으나 자연 현상을 규명하는 측면에서의 융합 연구는 사례가 적다. 이러한 연구가 확산되기 어려운 이유는 여러 가지가 있겠지만 그중 가장 큰 이유를 하나 꼽으라면 연구의 주도권을 누가 잡느냐 하는 문제가 아닐까 한다. 기술을 중심으로 하는 공학 연구는 자연으로부터 얻은 지혜를 신기술 개발에 어떻게 응용할까를 고민하고, 생태 연구자들은 자연 현상 자체를 보다 잘 설명하는 데 좀 더 많은 노력을 기울일 것을 기대한다. 연구자라면 누구나 자기가 주인공이고 싶어 하는 만큼 연구의 주도권을 쥐고 자기 관심사에 맞춰 연구를 진행하려 한다. 통섭의 어려움은 하나의 주제 아래 여러 연구자들이 보조적인 역할을 기꺼이 감당해야 한다는 점이다. 세분화된 자기 분야에서 이름을 쌓아 온 연구자들이 기꺼이 함께 모여 자기 이름이 드러나지 않는 연구를 감당할 각오가 되어 있다면 보다 많은 연구가 효과적으로 진행될 수 있을 것이다.

통섭의 강점은 주인공이 인간과 자연이라는 점이다. 인간의 본질에 대한 연구가 주제라면 비록 자기 역할이 크지 않더라도 많은 연구자들이 충분한 매력을 느낄 것으로 생각된다. 또 다른 강점은 그러한 경험을 통해 발상의 전환이 가능해진다는 점이다. 공학이 기술이 아닌 사람을 향할 때 무언가 지금과는 다른 접근이 가능해질 것이다. 또한 자연과의 친화라는 최근의 대명제에 대해 새로운 역할을 펼칠 수 있을 것이다. 최재천 교수가 주창하는 의생학擬生學, Study of EcoLogic and Biomimicry은 생태 모방의 수준을 넘어 자연계의 섭리를 연구한다는 의미에서 앞으로의 역할이 크게 기대되는 바이다.

우연한 기회에 우리 연구팀은 가로등 업체로부터 자연 친화적인 냉각 장치를 개발해 달라는 의뢰를 받게 되었다. 고민하던 우리는 세스랑게 집의 원리를 이용해 보기로 했다. 흡습제를 이용해 물을 모으고 가로등이 가열되면 그 열을 증발 잠열을 통해 식히는 방식으로 가로등의 온도를 무려 30도나 낮출 수 있었고 가로등의 수명 또한 두 배나 늘릴 수 있었다. 물론 자연에는 어떤 피해도 없었으며, 에너지 소모도 없었다. 실제 공학 기술로 연결해 보겠다는 기대 없이 단지 자연을 보다 잘 이해하는 데 도움을 줄 수 있지 않을까 하는 생각으로 시작한 연구가 기존 방식으로는 상상할 수 없던 훌륭한 결과를 만들어 내었다. 각종 기술 간의 융합을 시도해 새로운 기술을 개발하느라 정신없이 바쁜 요즘, 사람과 자연이 주인이 되는 세상을 다양한 연구자들과 함께 바라보는 통섭의 매력은 공학 분야에서 더욱 커 보인다. 자연과 함께 공존하는 세상을 만들어 갈 미래 공학자들에게 통섭이라는 새로운 패러다임이 등장하길 기대해 본다.

다원과 복잡계과학

김용학

연세대학교 사회학과를 졸업하고 미국 시카고대학교에서 석사학위와 박사학위를 받았다. 시카고대학교 사회학과 대학원 초빙교수를 거쳐 현재는 연세대학교 사회학과 교수로 재직 중이다. 저서로 『사회 연결망 이론』, 『사회 연결망 분석』, 『네트워크 사회의 빛과 그림자』 등이 있다.

생명 복잡계 질서의 뿌리를 찾아서

김용학

다윈의 자연선택 이론은 생물체의 진화뿐만 아니라 기술이나 경제 제도의 진화 과정까지 설명해 내는 매우 강력한 이론이다. 그러나 다윈의 진화론은 몇 가지 점에서 불완전했고, 최근에 비약적으로 발전하고 있는 복잡계과학complexity science은 이를 보완하려 노력하고 있다.

기상 예측이나 생태계에 대한 연구에서 시작된 복잡계과학은 비선형非線型的, non-linear적인 복잡한 현상에 초점을 맞춘다. 흔히 "북경에 있는 나비의 날갯짓이 일으킨 바람이 뉴욕에 태풍을 발생시킬 수 있다"는 "나비 효과butterfly effect"는 복잡계과학의 대표적인 개념으로서, 비선형적 피드백에 의해서 증폭되는 현상을 나타낸다. 하늘을 나는 뱁새붉은머리오목눈이, Paradoxornis webbiana 떼의 움직임은 매우 복잡해 보이지만 이러한 복잡성은 간단한 비행 규칙의 비선형적 피드백에 의해서 생긴다. 무리 안의 새 한 마리 한 마리는 자기 주변 새들의 위치와 방향, 그리고 속도에 따라 끊임없이 자신이 날아갈 방향과 속도를 수정한다. 끊임 없는 수정 때문에 새 떼의 움직임은 복잡해 보인다. 그러나 복잡계과학은 이러한 복잡한 현상을 지배하는 비교적 간단한 규칙이 있음을 밝혀낸다. 주변의 새들과 너무 멀리 떨어지면 가까이 다가가고, 너무 가까이 붙어 있으면 떨어지고, 그리고 대체로 날아가는 방향을 맞춘다 라는 세 가지 원리에 의해서 새 떼의 움직임은 컴퓨터로 완벽하게 재생해 낼 수 있다. 마찬가지로 유기체에서 나타나는 복잡한 구조도 비교적 간단한 규칙에 의해 생겨난 것임을 증명하려 노력한다.

다윈의 진화론은 '눈과 같이 복잡한 구조는 자연선택의 누적적 결과로 생겨난 것'이라고 설명하지만, 태초에 생물체가 어떻게 생겨났으며, 그리고 생물체에 질서 잡힌 복잡한 구조가 어떻게 생겨나는지에 대해서는 침묵했다. '열역학 제2법칙'에 의하면 엔트로피entropy의 증가, 즉 무無질서도의 증가가 우주를 관장하는 법칙이다. 그런데 이 같은 강력한 자연법칙에 어긋나게, 고도의 질서를 갖는 유기체가 과연 어떻게 생겨났는지에 대한 의문은 줄곧 남아 있었다. 그리고 이것이 창조론 또는 '지적설계intelligent design' 이론의 근거가 되기도 했다. 그러나 복잡계과학은 생명체가 생겨나고 유기체 구조에 질서가 생겨나게 하는 원초적 동력을 자기조직화self organizing 과정이라고 본다.

다윈 진화론이 질서가 자연선택의 결과로 생겨났다고 설명하는 것에 대해 복잡계과학은 이것이 반쪽짜리 설명일 뿐이라고 주장한다. 즉, 자기조직화와 자연선택이라는 두 가지 과정의 복합적 결과로 질서가 생겨났다는 것이다. 자기조직화는 생물 세계에서만 발견되는 현상이 아니라 무생물에서도 발견되는 자연 현상이다. 색깔이 서로 다른 두 종류의 가스를 밀폐된 공간에 섞으면 처음에는 제멋대로 섞이다가 나중에 질서가 잡힌 규칙적인 패턴을 보이기도 한다. 물은 끓으면서 무질서하게 요동치지만, 특정한 조건에서는 안정한 구조를 만들어 낸다. 이를 발견한 프랑스 물리학자 앙리 베르나르Henri Bénard의 이름을 따서 '베르나르 세포Bénard cell'라고 불리는 이 현상은 대류對流 운동을 하는 분자들의 자기조직화 때문에 발생한다. 겨울에 내리는 눈꽃의 아름다운 육각형 구조도, 수정의 결정도 모두 무생물의 물리적, 화학적 법칙에 의한 자기조직화의 결과이다.

복잡계과학은 자연법칙인 자기조직화가 유기체의 세포 구조나 나뭇잎에 패턴이 생겨나게 하는 원초적 과정이라고 말한다. 자기조직화의 한 예로서 프랙탈fractal이라는 개념을 살펴보자. 이미 일반인에게 많이 알려진 프랙탈은 수학자 브누아 만델브로트Benoît Mandelbrot가 발견한 것으로, 부분이 전체의 모습을 담고 있는 기하학적 구조를 일컫는다. 혈관이 뻗어 나가는 유형, 고압의 전기가 방전할 때 빛이 퍼지는 현상, 도로가 균열된 모습, 가뭄에 갈라진 하천 바닥, 리아스식 해안선 등 자연에 존재하는 수많은 형태에서 '부분이 전체를 닮은 패턴'이 나타난다. 특정 식물을 계속해서 점점 더 작은 조각으로 쪼개도 전체 모습과 유사한 모양이 유지되는 것 또한 이에 해당한다. 이처럼 관찰 범위의 크기와 관계없이 같은 패턴을 유지하려는 성질을 '자기유사성self-similarity'이라고 부르며, 이 현상은 생물과 무생물 모두에서 나타난다.

무생물도 자기조직화하는 경향이 있다면, 생명체 질서도 자기조직화하는 물리적, 화학적 법칙에 의해서 발생한 것이라는 신념 아래, 복잡계과학은 생명의 기원에 대한 설명에도 도전장을 던진다. 산에서 물이 아래로 흐르면서 협곡을 형성하는 것이 자연스럽듯이, 화학 에너지가 높은 상태를 낮추려는 압력에 의해서 생명 현상이 생겨났다고 주장한다.[1] 즉 생명의 탄생은 극히 우연적인 사건이 아니라 태초의 지구 환경에서 그럼직한 사건이었다는 것이다.

복잡계과학은 다윈 진화론의 원천이 되는 돌연변이의 발생도 무작위적인 사건이 아니라고 본다. 즉 돌연변이가 발생하는 것에도 자기조직화가 작용하기 때문에 돌연변이는 무작위라기보다는 구조적인 제한 또는 규칙 아래서 생겨난다. 바로 이 점 때문에 복잡계에서는 진화가 자기조직화와 자연선택이 상호 의존적으로 작용한 결과라 보는 것이다.

자기조직화는 줄기세포의 분화 과정을 설명하는 데에도 사용된다. 복잡계 이론은 한 유전자와 다른 유전자가 복잡하게 얽혀 있고, 이 얽힌 네트워크에 의해서 유전자가 발현되거나, 억제되기 때문에 동일한 유전 정보를 지닌 줄기세포가 어떤 것은 머리카락으로, 또 어떤 것은 허파로 자라는 식으로 서로 다른 종류의 세포로 분화한다고 설명한다. 아직 갈 길이 멀어 보이지만, '유전자 정보가 발현하는 네트워크 gene expression network'의 구조와 동학動學, dynamics을 파악함으로써 생물체의 분화와 성장의 비밀을 캐내려고 시도한다. 그리고 복잡계 이론은 갑자기 새로운 종이 출현하는 '대진화'도 유전자 네트워크의 '창발創發, emergence' 때문이라고 본다.

다윈의 이론은 발가락이 사라진 말발굽이 발가락보다 적합fit 했

---

1 Morowitz, H. J., and Smith, E. 2007. "Energy flow and the organization of life." *Complexity*13:51-59.
Trefil, J., Morowitz, H., Smith, E. 2009. "The Origin of Life: A case is made for the descent of electrons" *American Scientist* vol. 97 No 2: 206.

기 때문에 자연선택되었다고 설명한다. 그러나 복잡계과학은 이에 머물지 않고 왜 특정한 형태가 생겨나는지에 대해서 모델을 개발하기 시작했다. 이 모델을 이용해서 생명체의 모습을 컴퓨터로 재생해 내고 있다. 유기체에 왜 특정한 모양이 생겨났는지, 또는 박테리아가 군집된 모습에 왜 특정한 형태가 생겨나는지, 그 미시적인 원리를 밝혀내고 있는 것이다. 소라 껍데기의 나선형 구조, 해바라기에 씨앗이 박혀 있는 모습, 곰팡이가 군집해 피어 있는 모양, 등잔불 앞에서 나방이 나는 모양 등이 연구 대상이다.

복잡계과학이 다윈을 보완하려는 또 다른 지점은 자연선택 과정의 복잡성에 대한 것이다. 바람이 무척 센 갈라파고스 섬에 사는 새들의 날개는 몇 십 센티미터보다 길 수 없다는 예측을 한다면, 이는 단순한 인과론으로 자연선택을 설명하려는 시도이다. 그러나 복잡계 이론은 단순 인과론을 넘어선다. 자연선택의 복잡성에 대한 한 가지 예를 들어 보자. 미국 캘리포니아에서 대구의 어획량이 급격히 감소하면, 어민들은 대구를 먹고 사는 바다표범의 사냥을 허용하라고 요구한다. 단순 인과 논리에 따르면 어민들의 주장이 타당한 것처럼 보인다. 그러나 바다표범을 줄인다고 대구의 수가 늘어날 것인지 확증할 수 없다. 그 이유는 대구와 바다표범 사이에는 2억 2000만 가지가 넘는 먹이사슬이 얽혀 있어 도미노 연쇄와 피드백 메커니즘을 포함한 상호 작용을 일으키기 때문이다. 먹이사슬의 네트워크가 너무나 복잡하여 천적을 들여오거나 천적을 없앴을 때, 과연 그 효과가 무엇인지를 계산할 수 없다는 것이다. 마치 날씨에 영향을 미치는 요인들이 너무나 복잡하게 상호 작용하기 때문에 중기 혹은 장기 일기 예보를 할 수 없는 것과 마찬가지다. 복잡계 이론은 이처럼 예측하기 어렵고, 법칙적으로 설명할 수 없는 현상들을 컴퓨터 시뮬레이션을 통해서 추론해 볼 뿐이다. 먹이 사슬을 종 간의 상호 작용 네트워크라고 파악하면서, 지구상의 생명체 분포를 보여 주는 에코시스템eco-system이 형성된 과정을 설명하려는 시도도 진행 중이다.

생명체의 교배 과정을 모방하여 진화의 자연선택 과정을 재생하려는 유전자 알고리즘genetic algorithm이라는 기법도 경제나 사회적인 현상의 진화를 설명하는 데 이용되고 있다. 복잡한 절차를 간략히 이해할 수 있는 예를 들어 보자. 어느 도둑이 훔쳐 올 수 있는 무게의 상한선이 60킬로그램이라고 가정하자. 침입한 집에 가격과 무게가 다른 8개의 훔칠 대상이 있다. 과연 어떤 물건들을 가지고 나오는 것이 무게 한도를 넘지 않으면서 훔친 물건들의 가격을 극대화하는 것일까? 이 문제는 방정식으로 풀 수 없는 복잡한 문제다. 이를 해결하기 위해 개발된 것이 유전자 알고리즘이다. 훔칠 물건인지 아닌지에 따라 1 또는 0으로 표현한다. 가령 01010000은 두 번째와 네 번째 물건을 훔칠 대상으로 택했다는 뜻이 된다. 8자리 이진법 숫자들을 무작위로 몇 개 생성하고 서로 교배시켜 자신의 유전자 반,가령 앞의 네 자리 수 그리고 상대 유전자의 반뒤의 네 자리 수을 조합하여 자식의 유전자를 만든다. 이 과정에 1을 0으로, 또는 0을 1로 바꾸는 돌연변이도 가끔씩 발생하도록 한다. 여기에 자연선택이라는 개념을 도입한다. 60킬로그램이라는 무게를 넘지 않는 가운데, 비싼 가격을 낳는 조합을 교배 대상으로 놓고, 무게를 넘기거나 낮은 가격을 뽑는 것들은 죽여 버리는 것이 자연선택 과정이다. 자연선택된 것들을 교배시키면, 결국 가장 비싼 물건들의 조합을 찾아 준다. 이러한 생물체의 교배와 자연선택을 흉내 낸 과정은 사회 규범의 진화, 상품의 진화를 설명하는 데 적용되고 있다.

생명체의 복잡한 구조와 기능은 모두 자연선택의 결과라는 다윈의 발견은 인류 지성사에 커다란 영향을 남겼다. 복잡계 이론은 그 미시적인 과정을 밝히려고 노력하지만, 생명의 복잡성에 비하면 아직 걸음마 단계에 불과하다. 그렇지만 생명체의 복잡성과 진화가 생겨나도록 하는 '비선형격 피드백'의 과정을 밝혀낸다면, 이는 분명 과학사의 혁명으로 기록될 것이다.

결론

최재천

단순해서 아름다운 다윈의 진화 이론

『왜 다윈이 중요한가Why Darwin Matters』의 저자 마이클 셔머Michael Shermer는 우리 시대를 주저 없이 "다윈의 시대"라고 규정한다. 그는 근대를 대표하는 세 석학, 다윈, 마르크스, 프로이트 중에서 다윈만이 21세기에도 여전히 의미를 지니는 이유를 한마디로 그의 이론이 옳았기 때문이라고 설명한다. 모름지기 훌륭한 이론은 간결하고 쓰임새가 다양하며 우아해야 한다. 다시 말해서 단순성simplicity과 보편성robustness 그리고 직관적 아름다움intuitive beauty을 지녀야 한다. 다윈은 『종의 기원』에서 스스로 다음과 같이 감탄한다. "그처럼 단순한 시작So Simple a Beginning으로부터 이처럼 아름답고 화려한 수많은 모습의 생명들이 진화했고 지금도 진화하고 있다니!" 우리는 감탄한다. "이 엄청난 생명다양성의 진화가 그처럼 단순한 이론So Simple a Theory으로 이렇게 완벽하게 설명될 수 있다니!"

다윈의 진화 이론은 은유와 유비로 가득 찬 아름답고 탁월한 이론이지만 초등학생도 이해할 수 있을 만큼 쉬운 이론이다. 이론 자체가 너무 복잡하여 그걸 이해하고 기억해 내는 데에도 상당한 시간이 걸린다면 그만큼 효용 가치가 떨어진다. 이론이 단순하다는 것은 무엇보다 임의 요소가 적다는 뜻이다. 임의 요소가 많을수록 이론의 본래 의미가 희미해진다. 다윈의 진화론이 갖고 있는 가장 큰 매력은 우선 간결함이다. 다윈의 진화 이론에 따르면 진화가 일어나기 위해 다음의 네 가지 조건이 필요하다.

첫째, 생물 개체들간에 변이가 존재해야 한다. 변이(variation)
둘째, 어떤 변이는 유전된다. 유전(heredity)
셋째, 환경이 뒷받침할 수 있는 이상으로 많은 개체들이 태어나기 때문에 자연계의 생물 개체들은 먹이, 서식처, 배우자 등 한정된 자원을 놓고 경쟁할 수밖에 없다. 경쟁(competition)
넷째, 주어진 환경에 잘 적응하도록 도와주는 형질을 지닌 개체들이 보다 많이 살아남아 더 많은 자손을 남긴다. 차등 번식(reproductive differential)

진화생물학에서는 이 네 가지를 묶어 흔히 진화의 필요충분 조건이라 부른다. 왜냐하면 이 네 가지 조건이 모두 함께 갖춰져야 진화가 일어날 수 있고 또 모두 갖춰지기만 하면 진화는 반드시 일어날 수밖에 없기 때문이다. 같은 종에 속하는 자연계의 개체들은 각자 다른 형태, 생리, 행동 등을 나타낸다. 실제로 자연계에는 엄청난 변이들이 존재한다. 변이가 없는 형질 또는 종을 찾기란 거의 불가능하다. 그리고 그 변이들의 대부분은 유전적 변이로서 번식을 통해 다음 세대로 전달된다. 자원은 한정되어 있는데 그걸 필요로 하는 존재들은 많으므로 이른바 '생존경쟁'은 필연적인 결과일 수밖에 없다. 이런 모든 조건들이 다 맞아떨어진다 해도 한 개체군의 모든 암컷들이 정확하게 똑같은 숫자의 자식을 낳아 기른다면 개체군의 유전자 빈도는 변하지 않을 것이다. 그러나 그런 일이 일어날 확률은 거의 영에 가깝다.

경제학에 거시경제학macro-economics과 미시경제학micro-economics이 있듯이 진화학에도 대진화macro-evolution와 소진화micro-evolution가 있다. 하나의 종이 오랜 세월 동안 많은 변화를 거쳐 새로운 종으로 분화하는 것이 대진화라면 시간에 따른 개체군의 유전자 빈도의 변화, 즉 세대를 거듭하며 개체들의 형태, 생리, 행동 등에 변화가 일어나는 것을 소진화라고 한다. 세대가 아주 짧은 미생물의 경우에는 우리가 실제로 종의 분화를 목격할 수도 있지만 인간을 포함한 대부분의 다세포 생물에서 대진화 과정을 관찰하기에는 우리 자신의 수명이 턱없이 짧다. 사람들은 흔히 대진화를 진화의 전부로 착각한다. 그래서 "인간은 진화를 멈췄다"는 궤변에도 귀를 기울이게 되지만 소진화는 결코 멈출 수 있는 것이 아니다. 내가 이 글을 쓰고 있는 이 순간, 그리고 당신이 이 글을 읽고 있는 동안에도 지구상 어딘가에서는 새 생명이 탄생하고 있다. 그 아기가 갖고 태어나는 유전체genome 속의 특정한 유전자들 때문에 우리 인류 전체의 유전자군gene pool의 구성이 변화한다. 아주 미세한 변화지만 분명히 나타난다. 이것이 진화의 현장이다. 진화의 필요충분 조건 네 가지가 모두 일어나야 하지만 그중 어느 하나라도 일어나지 않을 확률은 거의 없다. 따라서 진화는 결코 멈출 수 있는 게 아니다.

다윈의 자연선택 이론은 어디까지나 이론이기 때문에 언젠가 만일 새로운 과학의 패러다임이 나타난다면 더 이상 지지받지 못하게 될 가능성을 배제할 수는 없다. 개인적으로 나는 결코 그런 일이 일어나리라고는 생각하지 않지만 과학 이론에는 언제나 그러한 가능성이 열려 있다. 하지만 언젠가 다윈의 진화 이론이 무너진다 하더라도 진화 자체가 멈추는 것은 아니다. 왜냐하면 진화는 그를 설명하는 이론의 타당성 여부와 상관없이 자연에서 벌어지는 현상phenomenon이기 때문이다. 그리고 위에 열거한 네 가지 필요충분 조건만 있으면 반드시 일어날 수밖에 없는 당연한 결과consequence이기 때문이다. 자연선택과 진화는 결코 동일한 것이 아니다.

이 책을 읽은 독자들은 다윈의 이론이 거의 모든 학문 분야에 전방위적 영향을 미친 점에 적지 않게 놀랐을 것이다. 실로 21세기 현대 학문의 세계에서 다윈의 손길이 닿지 않은 분야를 찾는 일은 쉽지 않다. 다윈 이론의 보편성은 이제 부정하기 어려운 단계에 이르렀다. 그리고 그 엄청난 보편성이 바로 단순성에서 나온다는 점에 다윈 이론의 아름다움이 있다. 조택연 교수는 그의 '다윈과 미술' 첫머리에 다음과 같이 적었다. "자연과학을 포함한 사유 영역에서 '가장 아름다운'이라는 말은 '가장 단순하게, 그리고 가장 보편적이고 포괄적으로 세상의 질서를 설명하는' 법칙이나 이론에 주어지는 찬사이다. 아마 대부분의 사람들은 우주의 구조를 극단적 추상성으로 설명하는 아인슈타인의 상대성 이론이나 인류를 달에 보내 우주의 시대를 열게 한 뉴턴의 운동법칙을 제일 먼저 떠올릴지도 모르겠다. 하지만 가장 아름다운 법칙이라는 찬사는 모든 생물의 기원을 설명하는, 우리 인류가 걸어온 길이기도 한 다윈의 진화론에 주어진다."

사회과학은 자체적으로 상당한 위기 의식을 느껴 다윈을 찾기 시작했다. 사회과학 전반으로 확대할 수는 없지만 적지 않은 사회학자들은 퍽 오래전부터 사회학의 근본적인 위기를 지적해 왔다.[1] 박만준 교수는 사회과학이 더 이상 사람들이 "삶을 이해하고 미래를 통제할 지식을 기대"하는 과정에서 "특정한 행위 과정을 선택했을 때 사회적으로 어떤 일이 일어날 것인지를 예측"하는 일을 제대로 해내지 못하고 있다고 지적한다. 전 세계적으로 정보를 공유하며 유기체에서 분자에 이르기까지 생물 조직의 모든 수준들에 일관되게 적용되는 근본 원리를 찾아내어 실제에 적용하는 의학과 비교할 때, 사회과학자들은 "독립된 칸막이에 자신만의 방을 만들어 놓고 각자의 방에서만 통하는 언어를 사용하며 자족해 왔다."고 비판한다. 하지만 이 책의 글들을 읽어 보면 이제 적어도 경제학, 법학, 정치학 등에서는 상당히 진지하게 다윈의 이론을 검토하기 시작한 게 분명해 보인다.

예술과 인문학은 다윈으로부터 문제를 바라보는 새로운 눈을 얻고 있다. 아예 방법론 차원에서 다윈의 진화 이론을 품어 보려는 사회 과학 수준까지는 아니더라도 문학과 음악, 미술 등은 다윈에게서 창의성의 무한한 가능성을 본다. 인간의 창조 활동을 기반으로 하는 예술과 인문학 분야들은 특별히 최근 새롭게 부상하고 있는 진화심리학에 적지 않은 기대를 걸고 있는 것처럼 보인다. 흥미롭게도 서울대학교 법

---

[1] Joseph Lopreato and Timothy Crippen. 1999. *Crisis in Sociology: The Need for Darwin*. Transaction Publishers.

학전문대학원 윤진수 교수와 서울대학교에서 인류학 박사학위를 하고 지금은 미국 밴더빌트대학교 법학전문대학원 J. D. 과정을 밟고 있는 좌정원 박사는 특별히 법학이야말로 진화심리학으로부터 많은 걸 얻을 수 있다고 주장한다.

　하지만 이 같은 학문 간의 만남이 단순한 유비analogy 수준의 시도로 끝나는 것은 지양해야 한다. 물론 참신한 유비만으로도 사고의 폭을 넓힐 수 있지만, 자칫하면 증거와 논리가 빈약한 '그저 그렇고 그런 이야기들just-so stories'만 양산할 수 있다. 2009년 4월《한국일보》의 요청으로 진행한 인터뷰에서 사회생물학자 에드워드 O. 윌슨은 사실 모든 탐구는 어차피 그렇고 그런 이야기로부터 시작되는 것 아니냐며 스토리텔링storytelling의 중요성을 강조했다. 하지만 스토리텔링은 윌슨의 지적대로 탐구의 시작일 뿐이다. 그의 글 '다윈과 철학'에서 "진화론으로 모든 걸 설명하는 것은 가능하지도 않고 또 바람직한 것도 아니라는 점만은 확실히 인식할 필요가 있다."는 엄정식 교수의 지적은 다윈 학자들 모두 깊이 새겨들어야 할 것이다. 나는『종의 기원』이 출간된 지 150년이나 되었다고 떠드는데, 그는 150년밖에 되지 않았다는 사실을 상기할 필요가 있다고 말한다.

　현대 학문의 세계에서 진지하게 다윈을 들여다보려는 우리가 궁극적으로 원하는 것은 다윈의 진화 이론이 그동안 관련이 없어 보이던 분야에 접목되어 새로운 분석 및 설명 체계를 만들어 내는 '범학문적 접근transdisciplinary approach'이다. 이 같은 접근의 가능성은 아무래도 진화론의 탄생 배경인 생물학과 인접해 있는 과학과 기술 분야에서 두드러진다. 현재 우리 인류가 당면하고 있는 심각한 환경 위기를 헤쳐 나가는 데 없어서는 안 될 중심 학문인 생태학을 비롯하여 의학과 공학 등은 다윈의 진화 이론을 구체적으로 적용하여 실질적인 진보를 이뤄 내고 있다. 이제 막 걸음마를 떼기 시작한 과학과 기술 분야의 '다윈 끌어안기'는 그다지 머지 않은 장래에 상당히 빠른 속도로 확산될 것이라고 생각한다. 그런 노력으로 인해 몇몇 가시적인 성과가 나타나기 시작하면 그 속도는 훨씬 더 빨라질 것이다.

다윈 이론의 보편성은 다윈 자신의 연구 방식에서 이미 예견된 것이었다. 다윈에 대한 오해 중 가장 심각한 것은 그가 자연선택 이론의 발표를 의도적으로 미뤘다는 통념일 것이다. 오랫동안 다윈은 자신의 이론으로 인해 독실한 기독교 신자였던 아내가 받을 충격과 당시 빅토리아 시대의 사회적 비난이 두려워 『종의 기원』의 집필과 출간을 짐짓 회피했던 소심한 사람으로 알려져 왔다. 급기야 『도도의 노래 The Song of the Dodo』와 『신의 괴물 Monster of God』 등으로 우리 독자들에게도 친숙한 과학저술가 데이비드 쾀멘 David Quammen은 2006년 『신중한 다윈씨 The Reluctant Mr. Darwin』라는 책을 쓰며 이 같은 신화를 더욱 굳건히 했다. 그러나 '다윈 온라인 Darwin Online'이라는 웹사이트를 만들어 운영하고 있는 케임브리지대학교의 과학사학자 존 밴 와이 John van Wyhe의 최근 논문[2]에 따르면 우리의 이 같은 믿음은 증거 자료에 대한 확인 과정이 생략된 반복적인 재인용의 결과인 것으로 보인다.

우리는 그동안 다윈은 1830년대에 이미 그의 진화 이론의 얼개를

---

[2] van Wyhe, J. 2007. "Mind the gap: Did Darwin avoid publishing his theory for many years?" *Notes Rec. R. Soc.* 61: 177-205 dci 10.1098/rsnr.2006.0171.

잡았으나 이런저런 이유로 발표를 미루다가 1858년 앨프리드 러셀 월리스의 짤막한 논문을 받고서야 황급히 출간을 서두른 것으로 알고 있었다. 월리스의 편지가 다윈으로 하여금 『종의 기원』을 거의 요약문 수준으로 서둘러 출간하게끔 직접적인 원인을 제공한 것은 부인할 수 없는 사실이지만 그가 다른 논문이나 책의 출간을 치밀하게 기획하여 수행한 것에 비춰 볼 때 『종의 기원』의 출간이 특별히 예외적인 경우라고 보기는 어렵다. 다윈은 마찬가지로 1830년대에 이미 난초에 대한 연구를 시작하였으나 그에 관한 책을 출간한 것은 1862년이었다. 지렁이의 근육 운동이 토양의 질을 변화시킬 수 있다는 증거는 이미 1837년에 얻었지만 1838년에 짧은 논문을 발표하고 무려 42년 후인 1881년에야 책을 출간했다. 이들에 비하면 자연선택 이론에 대하여 35쪽에 달하는 노트를 완성한 1835년을 『종의 기원』 기획의 원년으로 잡는다 해도 불과 24년밖에 걸리지 않은 연구 프로젝트였다. 다윈의 연구로서는 그리 긴 것도 아니었다. 다윈은 『종의 기원』의 집필을 미처 다 완성하지 못한 것이지 일부러 미루며 회피한 것은 결코 아니었다.

다윈은 또한 자연선택 메커니즘에 대한 자신의 생각을 숨기지 않았다. 다윈은 자신의 진화 이론을 다듬어 가며 로버트 후커^{Robert Hooker}와 찰스 라이엘 등 지인들은 물론 부인 에마에게도 늘 상세하게 설명하고 흥분을 함께했다. 다윈은 또 자신의 이론에 필요한 자료들을 수집하기 위해 세계 각지에 있는 지인들은 물론 새로 소개받은 사람들에게도 끊임없이 편지를 보냈다. 그는 대중 앞에서 강연을 즐긴 사람은 분명히 아니었지만 다른 학자들과 교류하기를 꺼려한 은둔자도 결코 아니었다. 다윈은 1844년 1월 11일 후커에게 보낸 편지에서 "나는 내가 처음에 가졌던 견해와는 사뭇 다르게 종이 결코 불변의 존재가 아니라는 것을 거의 확신하게 되었다."며 "살인을 고백하는 것과 같은" 심정이라고 말했는데, 바로 이 다분히 자극적인 표현이 씨가 되어 수많은 오해를 낳은 것이다. 두려움으로 인한 회피가 『종의 기원』 출간 지연의 가장 중요한 이유로 확고하게 자리를 잡는 데에는 피아제Jean Piaget 학파의 심리학자 하워드 그루버Howard Gruber의 공헌이 컸다. 피아제와 그루버는 사회적 박해와 조롱에 대한 다윈의 우려를 거의 정신병 수준으로 진단했다. 그루버는 한술 더 떠 기억과 인지 과정에 대하여 연구하던 다윈이 그의 연구 노트에 1838년 어느 날 꿈에서 목을 맸던 사람이 되살아난 얘기를 거의 우스갯소리 수준으로 밝힌 것에 대해서도 프로이트의 정신분석학적 해석을 내리며 다윈을 종종 식은 땀을 흘리며 잠에서 깨어나는 사람으로 그려 냈다.[3]

다윈이 수줍음을 많이 타는 비교적 내성적인 사람이었던 것은 틀림없어 보인다. 그래서 그의 주변에는 그의 경전을 들고 그의 이론을 대신 세상에 전파하려던 이른바 '다윈의 전도사'들이 등장하게 된 것이다. 토머스 헉슬리, 허버트 스펜서, 에른스트 해켈 등이 대표적인 다윈 전도사들이었다. 다윈은 직접 나서지는 않았어도 편지를 통해 이들과 끊임없이 의견과 전략을 조율하며 지냈다. 나는 다윈이 만일 오늘 우리와 함께 살고 있다면 허구한 날 컴퓨터 앞에 앉아 엄청나게 많은 사람들과 이메일을 주고받으며 채팅을 즐기고 있을 것이라고 생각

3 Howard Gruber. 1974. *Darwin on Man: A Psychological Study of Scientific Creativity*. Wilwood.

한다. 건강상의 이유 때문에 런던 교외로 이사를 했지만 그는 엄청난 양의 편지를 쓰며 학문의 최전선에서 끊임없이 세상과 교류했던 매우 적극적이고 활동적인 과학자였다.

다윈은 원래 지질학으로 출발하여 생물학으로 일가를 이룬 학자이다. 자연학자로 비글호에 승선할 당시만 해도 다윈의 주 관심사와 학문적 배경은 지질학이었다. 그가 그 긴 세계 여행 중에 읽을거리로 라이엘의 『지질학 원론』을 택한 것도 같은 맥락에서 이해할 수 있다. 비글 항해에서 돌아온 후에도 다윈은 오랫동안 지질학 연구를 소홀히 하지 않았다. 하지만 시간이 흐르면서 그의 연구는 자연스레 생물의 진화로 초점이 맞춰졌고 비글 탐사에서 채집한 방대한 양의 표본과 자료를 분석하는 과정에서 주로 분류학과 생태학 연구에 몰두하게 되었다. 자연선택 메커니즘의 실마리를 잡고 난 다음에는 인위선택을 둘러싼 유전학적 증거를 분석하고, 식충 식물을 연구하며 화학과 역학mechanics 공부도 하고, 급기야는 경제학자 토머스 맬서스의 『인구론』까지 정독하기에 이른다. 동시대 학자였던 윌리엄 휴얼William Whewell이 만들어 낸 용어 'consilience'를 직접 사용하지 않았을 뿐이지 다윈은 거침없는 통섭형 학자였다.

현대 과학의 정치학적 기준으로 보면 엄청난 발견의 기득권을 기꺼이 양보하고 영원한 2인자로 물러앉은 것으로 알려진 월리스는 사실 학문적으로 그 후 다윈과 여러 주제를 놓고 상당한 의견 충돌을 보였다. 월리스의 저술 『말레이 군도 The Malay Archipelago』에 소개되어 있는 다윈의 편지에는 다음과 같은 구절이 적혀 있다. "동일한 사실 정보를 앞에 두고도 두 사람이 이처럼 다른 견해를 갖는다는 것은 정말 불행한 일인데 우리들의 경우가 거의 언제나 그런 것 같아 후회 막심이그려." 성선택론까지 추가하며 자연선택 이론의 범주를 넓혀 보려 노력했던 다윈과 달리 월리스는 거의 모든 자연 현상을 철저하게 좁은 의미의 자연선택 논리로 설명하려 했다. 월리스는 그의 자서전 『나의 삶 My Life』에서 "어떤 이들은 내가 다윈보다도 더 다윈주의자 같다고 비판하는데, 나는 그게 그다지 틀린 게 아니라고 생각한다."고 고백할 정도였다. 월리스와 다윈이 가장 큰 의견 차이를 보인 주제가 바로 성선택론이다.[4] 특히 월리스는 성선택론으로 인간의 행동과 본성을 논하는 것을 강하게 비판했다. 그러나 이 책에 담긴 여러 글들만 보더라도 성선택론에 입각하여 인간의 본성을 분석하려 했던 다윈의 『인간의 유래』가 『종의 기원』 못지않게 폭넓고 깊은 영향을 미친 것은 부인하기 어려운 현실이다.

『종의 기원』은 출간되자마자 엄청난 사회적 반향을 불러일으키며 숱한 화제를 만들어 냈지만 자연선택에 관한 학계의 검증은 촌음을 허비하지 않고 곧바로 시작되었다. 그에 비하면 1871년에 출간된 『인간의 유래』는 당대에 비판과 찬사가 전혀 없었던 것은 아니지만 그에 대한 과학적 연구에는 상당히 오랫동안 아무런 진전이 없었다. 왜 이처럼 오랜 무관심 또는 침묵이 이어졌는지에 대한 설명이 필요하다. 어쩌면 당시 빅토리아 영국 남성 학자들에게는 차라리 우리가 침팬지

---

[4] Helena Cronin. 1991. *The Ant and the Peacock: Altruism and Sexual Selection from Darwin to Today*. Cambridge University Press.
Andrew Berry (ed.). 2002. *Infinite Tropics: An Alfred Russel Wallace Anthology*. Versobooks.

등의 유인원과 공동 조상으로부터 유래했다는 주장은 받아들일 용의가 있어도 침실의 주도권이 여성에게 있다는 성선택의 암컷선택female choice 이론은 훨씬 더 용서하기 어려웠던 것 같다. 골치 아픈 문제에 대응하는 전략 중에서 때로 가장 효율적인 방법은 문제의 존재 자체를 부정하는 것이다. 당시 영국 학자들 간에는 『인간의 유래』에서 다윈이 주장한 성선택 이론은 아예 없었던 걸로 취급하자는 묵계가 있었는지도 모를 일이다. 실제로 다윈의 성선택 이론은 1930년에 출간된 로널드 피셔Ronald Fisher의 저서[5]와 1948년에 발표된 앵거스 존 베이트먼Angus John Bateman의 논문[6] 등 그저 간헐적인 연구들이 진행되다가 1960년대와 1970년대에 이르러서야 폭발적으로 많은 연구들이 시작되었다. 1960년대는 흔히 '제2의 여성주의 운동'이 일어나기 시작한 시점이라 흥미로운 생각거리를 제공한다. 성선택 이론은 거의 100년에 가까운 동면 기간을 거쳤지만 이제는 행동진화 연구에서 가장 중요한 핵심 이론으로 확고하게 자리를 잡았다.

다윈 전문가 피터 보울러Peter Bowler는 그의 1996년 저서[7]에서 진보의 개념과 종교 문제 등에 관한 일부 다윈의 생각들은 어쩔 수 없이 빅토리아 시대의 사회적 산물일 수밖에 없지만 그의 이론의 핵심인 '선택 사고selection thinking'는 21세기에도 여전히 우리 사회와 학문에 광범위한 영향을 미치고 있다고 진단했다. '다윈과 윤리학'에서 철학자 정

---

[5]   Ronald A. Fisher. 1930. *The Genetical Theory of Natural Selection*. Clarendon.

[6]   Bateman, A. J. 1948. "Intra-sexual selection in Drosophila." *Heredity* 2: 349-368.

[7]   Peter Bowler. 1996. *Charles Darwin: The Man and His Influence*. Cambridge University Press.

연교 교수는 다음과 같이 말한다. "다윈주의는 마치 쓰나미처럼 지식의 전 영역을 덮쳐 순식간에 모든 것을 뒤엎어 버렸다.…… 사실 우리는 아직도 다윈주의의 여파를 추스르며 살아가고 있다고 말해도 과언이 아니다." 그래서 과학사학자들은 이를 두고 '다윈 혁명'이라 부른다.[8] 우리는 지금도 다윈의 시대를 살고 있다.

---

[8] Gertrude Himmelfarb. 1959. *Darwin and the Darwinian Revolution*. Doubleday Anchor Books.
Michael Ruse. 1979. *The Darwinian Revolution*. University of Chicago Press.

21세기 다윈 혁명

1판 1쇄 펴냄 2009년 8월 27일
1판 4쇄 펴냄 2023년 12월 31일

지은이 최재천 외
펴낸이 박상준
펴낸곳 (주)사이언스북스
출판등록 1997. 3. 24.(제16-1444호)
(06027) 서울특별시 강남구 도산대로1길 62
대표전화 515-2000, 팩시밀리 515-2007
편집부 517-4263, 팩시밀리 514-2329
www.sciencebooks.co.kr

ⓒ 최재천 외, (주)사이언스북스, 2009. Printed in Seoul, Korea.
ISBN 978-89-8371-120-5 03400